技能型紧缺人才培养培训教材
全国卫生职业院校规划教材

供中高职（共用课）各专业使用

物理应用基础

主　编　李长驰
副主编　王延康　刘振义　余自立
编　者　（按拼音排序）
　　　　蔡玉娜（潮州卫生学校）
　　　　李长驰（汕头市卫生学校）
　　　　刘振义（汕头市卫生学校）
　　　　肖光华（惠州卫生学校）
　　　　王延康（湛江卫生学校）
　　　　余自立（珠海市卫生学校）
　　　　周晓焱（昌吉卫生学校）

科学出版社

北　京

内 容 简 介

本教材以教育部面向 21 世纪中等职业教育教学计划和中等职业学校物理学教学大纲为根据,并参考卫生部对中等卫生职业教育教材的要求,结合参与课程改革的部分教师的体会而编写.本教材共六章,内容包括力学基础知识、振动和波、液体、电与磁、几何光学和光学仪器、原子和原子核,配套多媒体课件和实验指导与练习,适合中高职各专业使用.

本教材顺应了中等卫生职业教育的发展要求,在教学内容、教学方法等方面做了比较大的调整.在内容选择上突出实用性,将物理学基本知识与生命科学和临床实践相结合,重点帮助学生理解生命活动中的各种物理现象,熟悉物理检查和物理治疗中基本物理原理的实际应用,为专业课程的教学提供必要的知识和技能支持.为提高教学效果,教材设有链接,便于联系实际、扩展知识、激发兴趣;制做了配套的多媒体课件,便于演示物理现象、物理过程,帮助理解难点问题和课后复习;编制了配套实验指导与练习,便于在实验教学中选用和学生在课后巩固知识.

图书在版编目(CIP)数据

物理应用基础·物理应用基础实验指导与练习/李长驰主编.—北京:科学出版社,2007.8

技能型紧缺人才培养训练教材·全国卫生职业院校规划教材
ISBN 978-7-03-019792-4

Ⅰ.物… Ⅱ.李… Ⅲ.物理课-专业学校-教材 Ⅳ.G634.71

中国版本图书馆 CIP 数据核字〔2007〕第 132948 号

责任编辑:裴中惠 张 峥／责任校对:钟 洋
责任印制:赵 博／封面设计:黄 超

科 学 出 版 社 出版
北京东黄城根北街 16 号
邮政编码:100717
http://www.sciencep.com

三河市骏杰印刷有限公司印刷

科学出版社发行 各地新华书店经销
*

2007 年 8 月第 一 版 开本:850×1168 1/16
2017 年 7 月第七次印刷 印张:10 1/2
字数:261 000

定价:20.00 元(全二册)

如有印装质量问题,我社负责调换

技能型紧缺人才培养培训教材
全国卫生职业院校规划教材
共用课教材建设指导委员会委员名单

主任委员　刘　晨

委　员（按汉语拼音排序）

陈劲松	四川省卫生学校	石海兰	太原市卫生学校
陈　均	上海市公共卫生学校	师明中	大同大学医学院
陈　沁	广州医学院护理学院	史学敏	深圳职业技术学院
代凤兰	聊城职业技术学院	宋金龙	三峡大学护理学院
丁　玲	沧州医学高等专科学校	孙巧玲	聊城职业技术学院
封苏琴	常州卫生高等职业技术学校	汪洪杰	安徽医学高等专科学校
高健群	宜春职业技术学院	王者乐	上海职工医学院
官素琼	玉林市卫生学校	吴丽文	岳阳职业技术学院
胡希俊	沧州医学高等专科学校	肖京华	深圳职业技术学院
纪　霖	辽源市卫生学校	徐冬英	广西中医学院护理学院
李长驰	汕头市卫生学校	许练光	玉林市卫生学校
李怀珍	沧州医学高等专科学校	杨玉南	广州医学院护理学院
李　军	山东医学高等专科学校	姚军汉	张掖医学高等专科学校
李晓惠	深圳职业技术学院	余剑珍	上海职工医学院
李小龙	岳阳职业技术学院	曾志励	广西医科大学护理学院
蔺惠芳	中国协和医科大学护理学院	张金生	聊城职业技术学院
罗志君	四川省卫生学校	张　宽	嘉应学院医学院
牛彦辉	定西市卫生学校	张妙兰	忻州市卫生学校
潘道兰	达州职业技术学院	赵　斌	四川省卫生学校
潘凯元	海宁市卫生学校	钟埃莉	成都铁路卫生学校
覃琥云	四川省卫生学校	钟　海	四川省卫生学校
邱志军	岳阳职业技术学院	周　琦	广西中医学院护理学院
任海燕	内蒙古医学院护理学院	邹玉莲	岳阳职业技术学院

前　言

随着卫生职业教育改革的不断深化,物理学作为理解生命现象和驾驭医用仪器设备必不可少的基础学科,对培养实用型卫生技术人才发挥出越来越重要的作用.

本教材以教育部面向 21 世纪中等职业教育教学计划和中等职业学校物理学教学大纲为根据,并参考卫生部对中等卫生职业教育教材的要求,结合参与课程改革的部分教师的体会而编写.

在本教材的编写中,以"面向学生、贴近岗位、反映时代、培养能力"为原则,进行课程内容的调整和学科知识的重组,注重科学性、适用性和实用性,把物理学和医学知识有机融合,着力培养学生学科素质,提高学生运用物理学知识分析、解决医护相关问题的能力.

本教材共六章,内容包括力学基础知识、振动和波、液体、电与磁、几何光学和光学仪器、原子和原子核,配套多媒体课件、实验指导与练习,适合中高职卫生职业学校各专业使用.

本教材具有如下特点:第一,"浅".在讲述物理理论时,着重讲清物理理论的意义,不做数学的严格推导,做到概念明确,深入浅出.第二,"易".重点突出,简明生动,沿着学生的认识轨迹讲述问题、分析问题;配套多媒体课件,通过应用多媒体技术,把传统教学方法难以表达的抽象内容、不可视现象、复杂变化、细微结构等,通过过程演示、动画模拟、局部放大等手段形象直观地给予展现,使难点得以有效克服,学生学得容易.第三,"实".注重物理学基本知识与生命科学和临床实践相结合,将"实验"侧重点从注重验证物理规律向注重操作技能训练方面转移,即贴近岗位、注重实用.第四,"用".将"练习"侧重点从注重解题技巧的训练向注重运用物理学原理分析解答医护实际问题方面转移,把激发物理学习兴趣和提高职业能力有机结合,把教、学、练、测融为一体,适用于行动导向教学.

限于编者专业和经验,书中错漏不妥之处在所难免,恳请批评指正.

编　者

2007 年 5 月

目　　录

绪 论

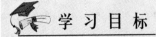

学习目标

1. 了解物理学研究的对象和内容
2. 熟悉物理学与医学的关系
3. 掌握学习物理学的正确方法

一、物理学研究的对象和内容

人类赖以生存的自然界是由各种各样的物质组成的.运动是物质存在的形式,是物质的固有属性.简单的位置变化,如水的流动、汽车行驶等是运动;生命有机体的复杂运动,如心脏跳动、血液循环、新陈代谢等生命变化过程是运动;高级的大脑思维、遗传等过程也是运动.

物理学是研究物质的最基本、最普遍的运动形式和规律的科学.它研究的内容非常广泛,包括力学、热学、电磁学、光学、原子学等,以及它们之间相互转化的规律.物理学研究的这些普遍的、基本的规律存在于其他高级的、复杂的物质运动形式之中.

在中等卫生职业学校的物理课中,同学们将在初中学习的基础上,进一步学习机械运动、热运动、电磁现象、光现象、原子物理的一些重要概念、物理现象的本质和定量关系,了解这些知识在生活、医疗技术中的应用,使我们的物理知识有较大的提高,并增强运用物理知识分析、解决生活、医疗技术问题的能力,以适应医学科学的需要.

二、物理学和医学的关系

物理学历经千余年的发展历史,特别是经近三百多年人类的努力,已成为比较成熟的学科之一.随着生命现象的认识逐渐深入,现代医学正从宏观走向微观、从定性走向定量、从单一走向多元方向、从经验走向理论过程发展.基础医学、临床医学、预防医学等各门医学科学愈来愈多地把它们的理论和技术建立在精确的物理科学基础之上,并以物理学作为理论基础、工具和阶梯.物理学必将为医学的发展与进步起到愈来愈重要的作用.概括起来,物理学与医学的密切关系有以下两个方面:

(一)物理学是医学的基础

任何高级的、复杂的生命现象都包含着最普遍的、最基本的物理运动形式.生命科学除了遵守生物学规律以外,还遵守物理运动规律.例如:人体骨骼、关节及胃肠都存在最简单的机械运动;人体能量的吸收和转化遵循能量守恒规律;有关血液流动涉及流体力学的知识;心电、脑电、肌电、胃电及神经传导等涉及电学知识;人体体温的调节跟热现象、能量的转化过程相联系;视觉的形成与光学知识密切相关.而且,人类生活在大自然中,生活环境对人体也有很大的影响.例如,温度、湿度、压强、电磁场和放射线等,与人的生存关系非常密切,如果没有一定的物理学知识,显然无法了解生命现象的原因和领悟生命现象的本质,无法了解人体在这些外界条件下活动的规律.大量事实说明了物理学是生命医学的基础.

（二）物理学的发展可促进医学发展

物理学的任何一个重要发明、发现和新理论的建立,几乎都被医学所采纳和运用.一个医生初诊病人,第一件事就是测体温、测脉搏、量血压等物理检查.常见的输液、听诊、叩诊等应用的是物理原理.1895年,德国物理学家伦琴(1845—1923)发现的X射线,在医学上立即得到普遍应用.显微镜、X射线、电疗、磁疗、放射性同位素等应用,促进了医学的发展.现代各种超声仪器,特别是超声成像、X射线计算机断层摄影(X-CT)、放射性核素计算机断层摄影(R-CT)、核磁共振MRI、激光、纤维内镜等技术成果相继问世及其先进的医用仪器的广泛应用,为医学提供了十分可靠的依据,为医学研究、诊断、治疗提供了强有力的技术服务,为医学科学的发展开辟了崭新的途径.医学由解剖水平发展到细胞水平乃至分子、原子水平,这一切全靠物理学的积极贡献.

作为21世纪的医护工作者,在医学科学蓬勃发展的时代,掌握必备的物理学知识是医学科学本身发展的必然要求,是提高医护工作者本身文化科学素质和综合能力的迫切需要.

三、学习物理学的正确态度和方法

学习物理学必须以辩证唯物主义思想为指导,贯彻理论联系实际的原则,从观察、实践出发,充分注意联系生活实际和医疗技术实际,主动探索,勇于实践.

我们在学习中要按照循序渐进、由浅入深的方法,努力做到:先预习,后听讲;先看课文后做作业;先独立思考,后提出问题.树立自觉勤奋、刻苦钻研和勇于探索、创新的良好学风.

> 物理学研究的内容非常广泛,包括力学、热学、电磁学、光学、原子学等,以及它们之间相互转化的规律.物理学与医学关系密切,物理学是医学的基础,物理学的发展可促进医学发展.学习物理学必须贯彻理论联系实际的原则,从观察、实践出发,注重联系生活实际和医疗技术实际,主动探索,勇于实践.

小　结

目　标　检　测

1. 物理学研究的对象和内容是什么?
2. 为什么说物理学是医学发展与进步的基础?

（李长驰）

笔记栏

第 **1** 章 力学基础知识

🎓 **学习目标**

1. 掌握质点、位移、时刻、即时速度、加速度、自由落体运动等概念,熟悉功、功率、动能、重力势能的概念及计算
2. 掌握牛顿运动定律,熟悉机械能的转化和守恒定律
3. 了解匀变速直线运动规律、力的平行四边形法则及功和能的原理
4. 学会用人体力学知识指导医护工作
5. 具有正确的学习动机和良好的学习习惯

自然界是由运动的物质组成的.物质运动形式是多种多样的,其中最简单、最基本的运动是机械运动.力学就是研究机械运动的性质和规律的一门学科,是物理学的重要组成部分.本章主要学习变速直线运动、力的合成与分解法则、牛顿运动定律、功和能等知识.它是学习物理学其他部分的基础,又是研究人体力学的基础.

第 **1** 节 变速直线运动

一个物体相对于其他物体的位置变化叫做机械运动,简称运动.它是宇宙中最普遍的、最基本的现象,自然界的一切物体都在做机械运动.直线运动是机械运动的一种,它的运动轨迹是一条直线.我们以初中已学过的匀速直线运动为基础来研究变速直线运动的规律.

一、质点 位移 时刻 即时速度 加速度

(一) 质点

忽略物体的大小和形状,把它当成一个具有物体全部质量的点,这样的点,叫做质点.

1. 当可以不考虑物体各部分运动的差别时(即当物体的大小和形状在所研究的问题中影响很小,大小和形状可忽略时),就可以把物体看成质点.例如,在研究地球绕太阳公转时,可不考虑地球各部分运动的差别,而把地球看成质点;若研究地球的自转,其大小、形状就不能忽略,这时就不能再把地球当成质点了.

2. 当物体各部分的运动情况相同时,就可以把物体作为质点.例如,研究汽车在平直公路上行驶,由于车身上各部分的运动情况相同,当我们把汽车作为一个整体来研究它的运动时,就可把汽车当作质点;若研究汽车轮胎的运动,由于轮胎各部分运动情况不相同,那就不能把它看成质点了.

质点是一个理想模型,是科学研究的一种方法.在物理学中,常常用理想模型来代替实际研究的对象,以突出事物的主要方面,从而使问题简化,便于研究.

(二) 位移和路程

表示质点的位置变化的物理量,叫做位移.如图 1-1-1 所示,设质点原来在位置 *A*,经过一段时间,沿路径 *ACB* 运动到位置 *B*.在这段时间内,质点的位置改变是由 *A* 到 *B*,位置改变的大小

等于线段 AB 的长度,方向是由起点 A 指向终点 B,质点的位移就是从初位置 A 指向末位置 B 的有向线段. 路程是质点运动所经过的路径的长短. 质点的路程就是图中所示的曲线 ACB 的长度. 在一般情况下,位移的大小和路程是完全不同的,只有当质点作方向不变的直线运动时,位移的大小才等于路程.

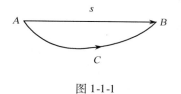

图 1-1-1

不仅要知道它的大小,而且还要知道它的方向,才能完全确定的物理量,叫做矢量. 如力、速度、位移等都是矢量,它可由一根带箭头的线段来表示. 仅由大小可以完全确定的物理量,叫做标量. 如路程、时间、温度等. 矢量和标量是完全不同的两类物理量,它们遵循不同的运算法则. 两个同类的标量,只要单位相同,它们的数值就可以用代数方法来运算;但矢量不能这样运算,其运算法则只能按我们后面即将要学习的矢量合成的法则——平行四边形法则运算.

（三）时刻与时间

时间与时刻是在物理学中经常用到的两个不同的概念,为了区别二者,我们举例说明:北京时间 7 点,这是指时刻;第 3 秒末,这也是指时刻. 短跑运动员在 100m 赛跑中跑了 9s,这是指时间. 若用数轴表示,时刻对应一个点,时间对应一线段.

（四）即时速度与平均速度

在变速直线运动中,运动物体的位移和所用时间的比值,叫做这段时间内的平均速度. 定义式:

$$\bar{v} = \frac{s}{t} \tag{1-1-1}$$

平均速度的大小粗略地表示物体在这段时间内运动的平均快慢程度. 它不是指速度的平均值. 在国际单位制中,它的单位是米/秒(符号是 m/s).

运动物体通过某一位置(或在某一时刻)所具有的速度叫做物体在这一位置(或在这一时刻)的即时速度,简称速度. 如飞机起飞时的速度、子弹出膛时的速度、运动员冲线时的速度等都是即时速度. 即时速度是矢量. 它既有大小,也有方向,它的方向就是物体在经过这一位置(或这一时刻)的运动方向. 汽车行驶或飞机飞行的即时速度可由速度表直接读出. 运动的初时刻和末时刻的速度,分别叫做初速度(符号 v_0)和末速度(符号 v_t).

（五）加速度

在变速直线运动中,为了描述速度改变的快慢程度,物理学中又引入一个新的物理量——加速度. 在变速直线运动中,速度的变化与所用的时间的比值叫做变速直线运动的加速度. 定义式:

$$a = \frac{v_t - v_0}{t} \tag{1-1-2}$$

在国际单位制中,加速度的单位是米/秒²(符号是 m/s^2).

加速度 a 是矢量. 它的方向是物体速度变化量的方向. 因此,加速度的方向不一定是速度的方向. (1-1-2)式中,若 $v_t > v_0$, a 为正值,加速度的方向与初速度的方向相同,物体作加速直线运动;若 $v_t < v_0$, a 为负值,加速度的方向与初速度的方向相反,物体作减速直线运动.

如果加速度为不等于零的恒量时,速度是均匀改变的; $a > 0$ 时,物体作匀加速直线运动; $a < 0$ 时,物体作匀减速直线运动. 匀加速直线运动和匀减速直线运动统称为匀变速直线运动.

笔记栏

例1-1-1 作直线运动的救护车紧急刹车,在3s内速度由12m/s减小到零,加速度是多大?

解:$t = 3s, v_t = 0, v_0 = 12m/s$

救护车的加速度是

$$a = \frac{v_t - v_0}{t}$$

$$= \frac{(0 - 12)\,m/s}{3s}$$

$$= -4m/s^2$$

答:救护车的加速度的大小是$4m/s^2$,方向与初速度的方向相反.

二、匀变速直线运动的公式

匀变速直线运动是一般变速运动的特例.它的特征是a=恒量,即在任何相等的时间内速度的变化都相等.下面我们来了解匀变速直线运动的规律.

(一) 速度与时间的关系

$$v_t = v_0 + at \tag{1-1-3}$$

它表明了匀变速直线运动的速度随时间而变化的关系.

(二) 位移与时间的关系

$$s = v_0t + \frac{1}{2}at^2 \tag{1-1-4}$$

它表明了匀变速直线运动的位移随时间而变化的关系.

(三) 速度与位移的关系

$$v_t^2 - v_0^2 = 2as \tag{1-1-5}$$

它表明了匀变速直线运动的加速度、初速度、末速度、位移四个量的关系.

例1-1-2 作直线运动的救护车紧急刹车,在3s内速度由12m/s减小到零,该车从刹车到停下来发生的位移是多大?

解:$t = 3s, v_t = 0, v_0 = 12m/s$

$$a = \frac{v_t - v_0}{t} = \frac{(0 - 12)\,m/s}{3s} = -4m/s^2$$

方法一:

$$s = v_0t + \frac{1}{2}at^2$$

$$= 12m/s \times 3s + \frac{1}{2} \times (-4m/s^2) \times (3s)^2$$

$$= 18m$$

方法二:

$$v_t^2 - v_0^2 = 2as$$

$$s = \frac{v_t^2 - v_0^2}{2a}$$

$$= \frac{0 - (12m/s)^2}{2 \times (-4m/s^2)}$$

$$= 18m$$

答:该车从刹车到停下来前进了18m.

笔记栏

三、自由落体运动

在没有空气的空间里,物体只在重力作用下从静止开始下落的运动,叫做自由落体运动.物体下落时,总是顺着竖直方向越来越快地下降,所以,可以知道自由落体运动是加速直线运动.

伽利略

伽利略(1564—1642),意大利物理学家、天文学家、哲学家,近代实验科学的奠基者之一.1604 年,他从理论上证实了落体运动、抛体运动规律,后又进行了流传很广的比萨斜塔实验.1608 年,伽利略制造了第一台天文望远镜,后来又研究了单摆的运动等.1642 年 1 月 8 日逝世.

实验证明:在同一地点,一切物体做自由落体运动时,其下落的加速度大小和方向都相同,这个加速度是由重力产生的,叫做重力加速度(符号是 g),方向竖直向下.重力加速度在地球上同一地点是恒量,在不同地点,略有差异.在通常的计算中认定 $g = 9.8\mathrm{m/s^2}$,在粗略的计算中或有说明的要求中可以把 g 取为 $10\mathrm{m/s^2}$.

因为在地球同一地点,重力加速度是恒量,所以,自由落体运动的实质是初速度为零的匀加速直线运动.

设物体从 h 高处自由下落,下落的时间为 t,t 秒末的速度为 v_t,则有

$$v_t = gt \tag{1-1-6}$$

$$h = \frac{1}{2}gt^2 \tag{1-1-7}$$

$$v_t^2 = 2gh \tag{1-1-8}$$

(1-1-6)、(1-1-7)、(1-1-8)式是自由落体运动公式.

例 1-1-3　让一块石块从井口自由下落,在第 3 秒末听到石块落水声音,不计声音传播的时间,求井的深度.

解:$t = 3\mathrm{s}$,$g = 9.8\mathrm{m/s^2}$

井的深度是

$$h = \frac{1}{2}gt^2$$

$$= \frac{1}{2} \times 9.8\mathrm{m/s^2} \times (3\mathrm{s})^2$$

$$= 44.1\mathrm{m}$$

答:井深为 44.1m.

这节课主要学习了质点、位移、时刻、即时速度、加速度等物理概念,了解了匀变速直线运动和自由落体运动的特点和规律.重点要理解加速度的概念,并会用匀变速直线运动的公式解答简单的运动学问题.

小 结

目 标 检 测

1. 速度为 2m/s 的自行车在水平路面上滑行 10s 后停下来,加速度为 _____ m/s².

2. 下面情况中,可以把地球视为质点的是　　　　　　　　　　　　　　　　　　（　　）

　　A. 地球绕太阳的转动　　　　　　　　　B. 研究赤道的长度

C. 地球自转时赤道上一点的运动速度　　D. 研究地球上物体的运动

3. 关于速度,下面说法中正确的是　　　　　　　　　　　　　　　　　　　(　　)
　　A. 速度越大,物体位移就越大　　　　　B. 速度不变说明物体位置也不变
　　C. 速度方向就是物体运动的方向　　　　D. 速度改变就意味着速度的大小一定改变

4. 下列说法正确的是　　　　　　　　　　　　　　　　　　　　　　　　　(　　)
　　A. 加速度是描述物体速度改变快慢的物理量　B. 物体的加速度为零,速度一定也为零
　　C. 物体的加速度不变,速度一定也不变　　D. 物体的加速度方向总与速度方向一致

5. 下列说法错误的是　　　　　　　　　　　　　　　　　　　　　　　　　(　　)
　　A. 物体发生的位移就等于物体通过的路程
　　B. 装在汽车上的速度计测量的是汽车的即时速度
　　C. 自由落体运动的实质是初速度为零的匀加速直线运动
　　D. 重力加速度的方向总是竖直向下

6. 球从高4.9m的地方自由下落,到达地面时的速度是　　　　　　　　　　　(　　)
　　A. 9.8m/s　　　　　　　　　　　　B. 4.9m/s
　　C. 96m/s　　　　　　　　　　　　D. 48m/s

第2节　共点力的合成与分解

实际中,一个物体往往不只受到一个力的作用,而是要同时受到几个力的作用.几个力的作用效果可以与一个力的作用效果相同;而物体受一个力的作用,也可能产生几个作用效果.因此,我们需要探讨力的合成与分解的问题.

如果一个力作用在物体上产生的效果与几个力共同作用的效果相同,这一个力就叫做那几个力的合力,而那几个力就叫做这一个力的分力.

求已知几个力的合力叫做力的合成;已知合力,求它的几个分力叫做力的分解.

如果几个力作用于物体的同一点或它们的作用线相交于同一点,我们把这几个力叫做共点力,又叫互成角度的力.

一、力的合成

用图1-2-1所示的实验可以研究力的合成规律.GE为橡皮条,在F_1、F_2共同作用下,伸长了OE,撤去F_1和F_2,用力F作用在橡皮条上,使橡皮伸长相同的长度.力F是F_1和F_2的合力.在力F_1、F_2和F的方向上各作有向线段OA、OB和OC,根据选定的标度,使OA、OB和OC的长度分别表示F_1、F_2和F的大小,将AC和BC连接起来,可以看到,OACB是一个平行四边形,OC是它的对角线.如果改变F_1、F_2和F的大小和方向,仍得到相同的结论.由实验可得到力的合成规律——力的平行四边形法则.

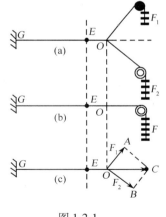

图 1-2-1

作用于一点而互成角度的两个力,它们的合力的大小和方向,可以用表示这两个力的有向线段为邻边,作平行四边形,其对角线的长度和方向就是所求合力的大小和方向.这个法则叫做力的平行四边形法则.

用共点力合成作图法可知,合力的大小除与分力大小有关外,还与它们的夹角有关(图1-2-2).

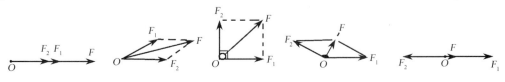

图 1-2-2

（1）$\alpha\uparrow\rightarrow F\downarrow$.

（2）$\alpha=0°$，$F=F_1+F_2$，$\boldsymbol{F}$ 的方向与 $\boldsymbol{F}_1$、$\boldsymbol{F}_2$ 相同.

（3）$\alpha=90°$，$F=\sqrt{F_1^2+F_2^2}$，$\boldsymbol{F}$ 的方向为四方形对角线指向.

（4）$\alpha=180°$，$F=|F_1-F_2|$，（当 $F_1>F_2$ 时，$\boldsymbol{F}$ 的方向与 $\boldsymbol{F}_1$ 相同）.

如果有两个以上的力作用在物体上，可依次把第一、二分力合成求合力，把这个合力再与第三个分力合成求合力，依次类推直到求出为止.

大量实验证明，其他矢量合成时，同样遵循平行四边形法则，所以平行四边形法则是一切矢量的合成法则.

一个物体如果受几个共点力的作用，若合力等于零，那么，这几个力的作用效果是使物体保持平衡——静止或匀速直线运动状态，这种情况叫做力的平衡.若只有两个力互相平衡，这两个力一定大小相等、方向相反，并且作用在同一直线上.

二、力的分解

力的分解是求一个已知力的两个（或两个以上）分力.因此.力的分解是力的合成的逆运算，同样遵循力的平行四边形法则.

力的分解必须具备下列两个条件之一，才能有确定的分解的结果.

（1）已知二分力的方向.

（2）已知分力中一个分力的大小和方向.

应掌握具体两种情形：

（1）水平面上物体受斜向上拉力的分解（图1-2-3）.

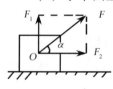

$\boldsymbol{F}$ 可分解为沿水平方向向右的分力 $\boldsymbol{F}_2$ 和沿竖直方向向上的分力 $\boldsymbol{F}_1$：
$$F_1=F\cdot\sin\alpha,\quad F_2=F\cdot\cos\alpha$$

（2）斜面上物体受到的重力的分解（图1-2-4）.

$\boldsymbol{F}$ 可分解为沿斜面方向的下滑力 $\boldsymbol{F}_1$ 和垂直斜面方向的正压力 $\boldsymbol{F}_2$：

图 1-2-3

$$F_1=G\cdot\sin\theta,\quad F_2=G\cdot\cos\theta$$

在医护工作中常常应用力合成和分解的知识帮助治疗.如图1-2-5所示，对于颈部椎骨骨质增生的疾病，施用颈部牵引治疗效果较好；对于骨折病人，外科常用一定大小和方向的力牵引患部来平衡伤部肌肉的回缩力，有利于骨折的定位康复.

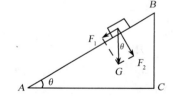

图 1-2-4

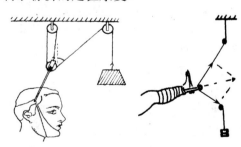

图 1-2-5

本节课主要学习了力的平行四边形法则，要记住法则的内容，会用法则进行力的合成与分解.此法则是一切矢量合成与分解的普遍法则.这里学好此法则，可为以后学习其他矢量的合成与分解打下基础.

小 结

笔记栏

1. 下列说法错误的是 （　　）
   A. 力的合成和分解都遵循力的平行四边形法则
   B. 分力可能大于合力
   C. 合力一定不小于分力
   D. 力的分解是力的合成的逆运算

2. 重量分别为5N和10N的正方形物体A、B叠放在水平地面上，A在B的上面. 则物体B对地面的压力的大小和方向分别为 （　　）
   A. 10N,垂直向下　　　　　　　　B. 5N,垂直向上
   C. 15N,竖直向上　　　　　　　　D. 15N,竖直向下

3. 如习题3图所示，$F_1 = 5\text{N}$，$F_2 = 1\text{N}$，$F_3 = 3\text{N}$，则总合力是_____N.

习题3图

第 3 节　牛顿运动定律

　　力与运动存在什么关系？17世纪末,英国著名科学家牛顿在总结前人科学研究成果的基础上精心归纳了三个定律,叫做牛顿运动定律,科学地解决了宏观低速运动问题.牛顿运动定律是力学的基本规律,是力学经典理论的基础.

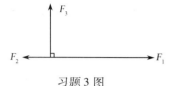

牛顿

　　牛顿(1643—1727),英国物理学家、天文学家和数学家.牛顿对人类的贡献是巨大的,如恩格斯所说:"牛顿由于发现了万有引力定律而创立了科学的天文学;由于进行了光的分解,而创立了科学的光学;由于创立了二项式定理和无限理论而创立了科学的数学;由于认识了力的本质,而创立了科学的力学."

一、牛顿第一定律

　　牛顿第一定律在我们初中物理课中学过.它表明:一切物体总保持匀速直线运动状态或静止状态,直到有外力迫使它改变这种状态为止.物体保持"匀速直线运动状态或静止状态"的性质叫做惯性.所以,牛顿第一定律又叫惯性定律.惯性是物体的基本属性.如汽车突然开动,乘客身体向后倾倒;汽车突然停止,乘客身体向前倾倒等,就是惯性的实例.

　　牛顿第一定律可以帮助医护工作人员认识病人的生理现象.老年人和体弱者由蹲位突然站起来,体内血流由于惯性相对下流,而致使头脑血压有所降低;由站立突然蹲下去,体内血流由于惯性相对上流,致使头脑血压略有升高.这两种体位的突然变化常有眩晕感甚至两眼发黑现象发生.尤其是对于患有脑、心血管疾病者,可能引起大脑出血等严重病症,值得预防和警惕.

二、牛顿第二定律

　　牛顿第一定律明确告诉我们,一切物体总保持匀速直线运动状态或静止状态,直到有外力迫使它改变这种状态为止.因此,力是使物体运动状态改变的原因,是使物体产生加速度的原因.那么,物体产生的加速度跟物体所受外力及物体质量间的关系如何呢？大量的科学实验精确地确定了加速度、力、质量之间的数量关系:物体受到外力作用时,获得的加速度a大小跟所受的外力F成正比,跟物体的质量m成反比,加速度的方向跟外力的方向相同,这就是牛顿第二定律.表达式:

$$a = \frac{F}{m} \tag{1-3-1}$$

在国际单位制中力的单位是牛顿(N),质量的单位是千克(kg),加速度的单位是米/秒^2(m/s^2).

对牛顿第二定律的理解,要明确以下五个要点:

(1) F 为合外力,物体在哪一方向上运动,F 就是哪一方向上的合外力.

(2) a 的方向与产生 a 的合外力 F 的方向相同.

(3) $F = 0$,$a = 0$,物体保持匀速直线运动状态或静止状态.

(4) $F = $ 恒定,$a = $ 恒定,物体作匀变速直线运动.

(5) $G = mg$ 是 $a = F/m$($F = ma$)的特殊形式.

例 1-3-1　质量是 25kg 的护理车在水平面上用 30N 的水平力推动它,受到的阻力是 5N,产生的加速度是多大? 加速度的方向如何?

解:$F_{推} = 30\text{N}$,$F_{阻} = 5\text{N}$,$m = 25\text{kg}$

护理车所受合外力 $F = 30\text{N} - 5\text{N} = 25\text{N}$

护理车的加速度

$$a = \frac{F}{m}$$

$$= \frac{25\text{N}}{25\text{kg}}$$

$$= 1\text{m/s}^2$$

答:护理车的加速度的大小是 1m/s^2,方向与推力方向相同.

牛顿第二定律可以使我们认识心力衰竭的病人血液循环障碍的原因是由于心力衰竭,心肌收缩力减弱,使血液从心脏射出的加速度变小,所以容易发生血液循环运动障碍[心肌收缩力(F)、血液加速度(a)、血量(m)三者满足牛顿第二定律].

三、牛顿第三定律

两个物体间的作用力和反作用力,总是大小相等,方向相反,作用在一条直线上,这就是牛顿第三定律. 表达式:

$$F_1 = -F_2 \tag{1-3-2}$$

我们可以用实验来验证作用力与反作用力的关系. 如图 1-3-1 所示,把两个弹簧秤互相勾住,然后水平地拉紧它们,我们发现,两秤在同一直线上,读数始终相等;一旦松开,它们的读数同时为零.

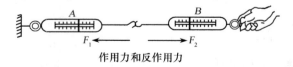

作用力和反作用力

图 1-3-1

对牛顿第三定律的理解,应明确"三同"、"二异".

"三同":

(1) 作用力和反作用力大小总是相同.

(2) 作用力和反作用力总是成对出现,同时存在,同时消失.

(3) 作用力和反作用力属于同种性质的力.

"二异":

(1) 作用力和反作用力作用在不同物体上,不存在相互平衡问题.

(2) 作用力和反作用力方向总是相反.

本节学习了牛顿三大运动定律:牛顿第一定律揭示了运动和力的关系,牛顿第二定律揭示了加速度与物体受到的外力和物体质量的关系.牛顿第三定律揭示了物体间作用力和反作用力的关系.它们是力学的基础.要反复思考,深入理解,会用三大运动定律解决简单力学问题,并能解释相关生理、病理现象.

小 结

目 标 检 测

1. 一切物体总保持匀速直线运动状态或静止状态,直到有_____迫使它改变这种状态为止.

2. 某人用力推一下静止的小车,车开始运动,继续用力推,车加速前进,可见 （ ）
   A. 力是产生位移的原因　　　　　　 B. 力是维持物体运动的原因
   C. 力是改变物体运动状态的原因　　 D. 力是维持物体运动速度的原因

3. 下列说法正确的是 （ ）
   A. 物体加速度的方向与合外力的方向相同　 B. 物体所受外力越大,速度越大
   C. 物体速度的方向与合外力的方向相同　　 D. 只要物体受到外力作用,就一定产生速度

4. 下列说法正确的是 （ ）
   A. 作用力和反作用力使物体平衡
   B. 地球对重物的作用力比重物对地球的作用力大
   C. 先有作用力,然后才有反作用力
   D. 作用力和反作用力同时产生,同时存在,同时消失

5. 对惯性大小的认识,正确的是 （ ）
   A. 物体运动时比静止时惯性大
   B. 物体加速运动时比匀速运动时惯性大
   C. 同一物体在静止状态下和运动状态下惯性均相同
   D. 物体静止时没有惯性

6. 质量是10kg的护理车在水平面上用80N的水平力推动它,受到的阻力是20N,产生的加速度是 （ ）
   A. 6m/s　　　　　　　　　　　　 B. 6m/s²
   C. 10m/s²　　　　　　　　　　　 D. 16m/s²

7. 老年人和体弱者由站位突然蹲下去,为什么常会感到眩晕,甚至出现两眼发黑现象?

第4节 功 和 能

功和能的概念是力学中又一个重要内容,与力的概念一样,是人们在长期生活、生产实践中逐渐形成的,所得出的定律是自然科学中的重要规律之一.

一、功 和 功 率

(一) 功

在物理学中,力和在力的方向上发生的位移,是做功的两个不可缺少的因素.常见的情况是作用力的方向跟物体运动的方向成某一角度 α (图1-4-1),则力对物体所做的功,等于力的大小、位移的大小、力和位移的夹角的余弦三者的乘积.公式:

$$W = Fs\cos\alpha \qquad (1\text{-}4\text{-}1)$$

功是标量.在国际单位制中,功的单位是焦耳(符号是J),简称"焦".几种情况讨论:

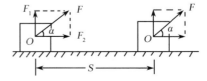

图1-4-1

1. 当 $0° \leqslant \alpha < 90°$ 时，$W > 0$，力 F 对物体做正功. $\alpha = 0°$ 时，$W = Fs$，为最大正功.

2. 当 $\alpha = 90°$ 时，$W = 0$，力 F 对物体不做功.

3. 当 $90° < \alpha \leqslant 180°$ 时，$W < 0$，力 F 对物体做负功(或者说物体克服该力 F 做功).

$\alpha = 180°$ 时，$W = -Fs$，为最大负功.

> **例 1-4-1** 护理车在大小为 200N、方向与车前进方向夹角为 60° 的拉力作用下，前进了 50m，拉力做功是多少？
>
> 解：$F = 200\text{N}, s = 50\text{m}, \alpha = 60°$
>
> 拉力所做的功
>
> $\begin{aligned} W &= Fs\cos\alpha \\ &= 200\text{N} \times 50\text{m} \times \cos 60° \\ &= 200\text{N} \times 50\text{m} \times 0.5 \\ &= 5000\text{J} \end{aligned}$
>
> 答：拉力做功为 5000J.

(二) 功率

做功的快慢用功率来表示. 功与完成这些功所用的时间的比值，叫做功率. 公式：

$$P = \frac{W}{t} \tag{1-4-2}$$

在国际单位制中，功率的单位是瓦特(符号 W)，简称"瓦". 瓦特单位较小，常用 1000 瓦特为单位，叫做千瓦(kW).

当力与位移的夹角为零时

$$P = \frac{W}{t} = \frac{Fs}{t} = Fv \tag{1-4-3}$$

对发动机来说，要是它的输出功率保持不变，那么它的牵引力跟速度成反比. 例如，汽车上坡时，需要较大的牵引力，汽车司机必须用换挡的办法减小速度，来得到较大的牵引力.

> **例 1-4-2** 心脏的功率约为 9W，心脏在 1 小时内做多少功？
>
> 解：$P = 9\text{W}, t = 1\text{h} = 3600\text{s}$
>
> 心脏做的功为
>
> $\begin{aligned} W &= Pt \\ &= 9\text{W} \times 3600\text{s} \\ &= 32\,400\text{J} \end{aligned}$
>
> 答：心脏在 1 个小时内做功 32 400J.

二、机 械 能

一个物体能够对外做功，即具有做功的本领，我们就认为该物体具有能量.

(一) 动能

物体由于运动而具有的能叫做动能. 用 E_k 表示. 运动物体所具有的动能等于物体的质量和速度平方乘积的 $\frac{1}{2}$. 公式：

$$E_k = \frac{1}{2}mv^2 \tag{1-4-4}$$

动能是标量，只有正值. 它的单位和功的单位相同，在国际单位制中都是焦耳.

笔记栏

例 1-4-3 质量为 10g 的子弹,以 600m/s 的速度飞行,它具有的动能是多大?

解:$m = 10g = 0.01kg, v = 600m/s$

子弹的动能

$$E_k = \frac{1}{2}mv^2$$

$$= \frac{1}{2} \times 0.01kg \times (600m/s)^2$$

$$= 1800J$$

答:子弹具有 1800J 的动能.

(二)重力势能

由物体与地球相对位置所决定的能量叫做重力势能.用 E_p 表示.物体重力势能等于物体的质量、重力加速度和物体的高度的乘积.公式:

$$E_p = mgh \tag{1-4-5}$$

因为物体的高度是相对的,它随参考平面的选取不同而不同,故重力势能 mgh 具有相对性.它的值是相对于参考平面来说的.参考平面的高度取作零,重力势能也为零.在研究问题中,可视情况的不同选择不同的参考平面.通常选择地面作为重力势能参考平面.

重力势能是标量,但有正、负值之分.重力势能为正值,表示重力势能比参考平面的零重力势能高,重力势能为负值,表示重力势能比参考平面的零重力势能低.它的单位也和功的单位相同,在国际单位制中都是焦耳.

平时我们讲物体的重力势能,只是叙述上的简便.必须指出:因为重力是地球和物体之间的相互作用力,所以重力势能也是物体和地球组成的这一系统所具有的,而不是物体单方所有的.

机械运动中,除重力势能以外,还有弹性势能.弹性势能和重力势能一样,也是由相互作用的物体之间的相对位置或物体内部各部分之间的相对位置所决定的能量.所以,在力学中,重力势能和弹性势能统称势能.

例 1-4-4 质量为 50kg 的物体,在离地面 10m 高处,具有的重力势能是多少?

解:以地面为重力势能参考平面

$m = 50kg, h = 10m$

$$E_p = mgh$$

$$= 50kg \times 9.8m/s^2 \times 10m$$

$$= 4900J$$

答:物体的重力势能是 4900J.

(三)机械能的转化和守恒定律

物体作机械运动时所具有的动能和势能统称机械能.用 E 表示.在机械运动中,动能和势能是可以互相转化的.如图 1-4-2,质量为 m 的小球只受重力作用,由 A 点自由下落时,随着小球高度 h 的降低,重力势能不断减小,小球下落速度不断增大,它的动能也不断增大.这说明,小球下落过程中,重力势能不断地转化为动能.相反,一个原来有一定速度的小球竖直上升,动能不断地转化为重力势能.而小球在任何时刻或位置,机械能总是保持不变.从实验和理论推导得出:如果没有摩擦力和介质的阻力,在任何一个物体的势能和动能相互转化的过程中,物体总的机械能保持不变.这个结论就是机械能守恒定律.

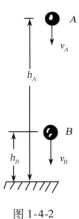

图 1-4-2

例 1-4-5 一竖直上抛的物体,抛出的初速度为 5m/s,不考虑空气阻力,能上升多高?($g = 10\text{m/s}^2$)

解: 该物体在上抛过程中遵循机械能守恒定律.取物体抛出处所在平面为重力势能参考平面,则抛出时的机械能 $E_1 = E_{k1} + E_{P1} = \dfrac{1}{2}mv_0^2 + 0 = \dfrac{1}{2}mv_0^2$,物体升到最大高度 h 时,总的机械能 $E_2 = E_{k2} + E_{P2} = 0 + mgh = mgh$

则有 $E_2 = E_1$

$$mgh = \frac{1}{2}mv_0^2$$

$$h = \frac{v_0^2}{2g}$$

$$= \frac{(5\text{m/s})^2}{2 \times 10\text{m/s}^2}$$

$$= 1.25\text{m}$$

答:物体上升的最大高度是 1.25m.

(四) 能量转化和守恒定律

自然界中存在着许多运动形式,不同运动形式具有不同的能量,如果运动形式相互转化,它们的能量形式也相应随着转化.如物体克服摩擦力做功,物体的机械能转化为热能;利用流水推动水轮机转动带动发电机发电,机械能转化为电能;电使电动机转动带动机器,把电能转化为机械能;汽油燃烧过程中,把化学能转化为热能;核电站能使原子能转化为电能等.表明一切能量间都可相互转化.人们在长期的生产实践和科学实验中,总结出一条重要的规律:能量既不能消灭,也不能创造,它只能从一种形式转化为另一种形式,或由一个物体传给另一个物体,但能量的总数始终保持不变.这就是能量守恒定律.这个定律是俄国伟大的学者罗蒙诺索夫在 1744 年首先提出的,它同细胞的发现、达尔文的进化论被叫做当时的三大科学发现.因此,能量转化和守恒定律是自然界最普遍、最重要的定律之一.自然界一切变化过程都遵循这一科学规律.机械能转化和守恒定律仅是它的特例.

(五) 功能原理

功和能有着密切关系.当外力对物体做功时,物体的能量就要增加,如从枪膛里射出去的子弹,燃气对子弹做功,子弹的能量就增加;当物体对外做功时,它的能量就减少,如下落的铁锤打击木桩做了功,铁锤的能量就减少了.物体所增加(或减小)的能量的值,等于外力对它所做的功的值(或它对外做功的值),这就是功能原理.因此,功是物体能量变化的量度,即 $W = \Delta E$.

> 这节课主要学习了功、功率、动能、重力势能的概念、公式,学习了自然界普遍适用的基本规律——机械能守恒定律和能量守恒定律.要知道定律成立的条件并会用其计算简单的问题.

小 结

目 标 检 测

1. 一物体受到与竖直方向成 30°角的 100N 的拉力的作用,在水平方向上通过的位移为 20m,所用的时间是 10s.则拉力在水平方向上的分力是_____N,所做的功为_____J,功率是_____W.

2. 一质量为 1kg 的物体静止在 10m 高处,若不计空气阻力,物体的重力势能(相对于地面,下同)是_____J,动能是_____J,机械能是_____J;若让其自由下落到 2m 处时,物体的重力势能是_____J,动能是_____J,机械能是_____J;落到地面(未着地瞬间)时,物体的重力势能是_____J,动能是_____J,机械能是_____J.(g 取 10m/s^2)

笔记栏

3. 下列说法错误的是   (   )

    A. 力和在力的方向上发生的位移是做功的两个必要因素

    B. 功可以有"正""负"值;重力对物体做负功,表示物体克服重力做了功

    C. 由物体与地球相对位置所决定的能量叫做动能

    D. 物体从高处自由落下,其动能和重力势能在相互转化的过程中是守恒的

4. 下列说法正确的是   (   )

    A. 动能是矢量,有正负值   B. 动能和重力势能统称为机械能

    C. 功率是表示做功多少的物理量   D. 功是物体能量变化的量度

5. 一物体受到与水平方向成60°角的10N的拉力的作用,在水平方向上通过的位移为10m,则拉力所做的功为

                                                                               (   )

    A. 0J   B. 100J   C. 10J   D. 50J

6. 下面现象中符合机械能守恒条件的为   (   )

    A. 物体沿粗糙斜面上升   B. 小球从空中自由下落

    C. 降落伞匀速下降   D. 沿粗糙斜面匀速滑下

(蔡玉娜 周晓焱)

第 ② 章 振 动 和 波

🎓 学习目标

1. 掌握简谐振动、振幅、周期、频率、共振的含义,掌握波长、频率和波速的关系,并能运用
2. 了解横波和纵波的形成及特点,叩诊、听诊的基本知识
3. 熟悉声波的传播特性、声强级的含义及乐音和噪音对人体健康的影响
4. 了解超声波的产生、特性、主要作用及在医学中的应用
5. 学习理论联系实际的思维方式,具有科学的学习态度

振动和波是自然界中很普遍的运动形式.本章主要学习振动和波的特性与规律,学习声波的知识和超声波及在医学上的应用.

第 ① 节 振 动

一、简 谐 振 动

物体(或物体的一部分)在某一位置(平衡位置)附近作往复的运动,这种运动叫做机械振动,简称振动.振动是比较复杂的,形式也多种多样,但他们遵循共同的基本规律.下面学习最基本、最重要的振动——简谐振动.

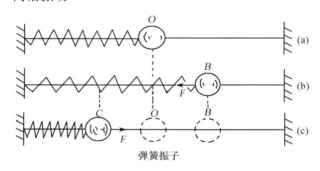

弹簧振子

图 2-1-1

弹簧左端固定,右端连接一个小球,小球和弹簧都套在一根光滑的平杆上.弹簧的质量比小球小得多,可以忽略,这样就构成了一个弹簧振子(图 2-1-1).当弹簧处于自然状态时,作用在振子(小球)上的合力为零,小球处在 O 点,O 点是小球的平衡位置[图 2-1-1(a)].

如果把小球从平衡位置 O 点向右拉到 B 点,弹簧被拉长,产生一个使小球回到平衡位置,方向向左的弹力[图 2-1-1(b)].放开小球后,小球在这一弹力作用下,向左作加速运动.当小球回到平衡位置 O 点的瞬时,弹簧的形变消失,但这时小球具有最大的速度.由于惯性,小球将继续向左运动,弹簧被压缩,被压缩的弹簧产生一个方向向右,阻碍小球运动的弹力,小球做减速运动到达位置 C 点不再向左运动.这时弹簧的压缩形变最大,小球受到指向平衡位置的弹力也最大[图 2-1-1(c)].接着小球在这个弹力的作用下,向右做加速运动,跟前面所讲的情况相类似,小球并不停止在平衡位置上,而是越过这一平衡位置,再次回到 B 点,并恢复到原来的运动

状态. 这样小球做了一次全振动. 如果没有任何阻力,小球在 B、C 之间的往复运动将不停止.

了解了振动特性,需进一步明确振动位移的概念. 振动位移是一个矢量,如果以平衡位置为始点,振动位移的大小等于振动物体(小球)在某一时刻的位置跟平衡位置的距离,它的方向是从平衡位置指向物体(小球)所在的位置.

由上述分析可知,弹簧振子在振动过程中,当小球偏离平衡位置时,总是受到一个跟振动位移方向相反,能使小球返回到平衡位置的力,这个力叫做回复力. 弹簧振子的回复力就是弹簧的弹力.

物体在受到大小跟振动位移成正比而方向相反的回复力作用下的振动,叫做简谐振动. 图2-1-1 所示的弹簧振子的振动是简谐振动.

弹簧振子的简谐振动满足下面公式

$$F = -KX \tag{2-1-1}$$

式中,K 是弹簧的劲度系数,简称劲度,它是弹簧的固有属性;负号表示弹力 F 的方向与振动位移 X 的方向相反. 由牛顿第二定律公式 $F = ma$ 可得振动物体的加速度为

$$a = -K\frac{X}{m} \tag{2-1-2}$$

2-1-2 式表明:简谐振动中物体加速度的大小总是与振动位移的大小成正比,而方向相反. 可见,简谐振动是一种变加速运动,加速度的大小和方向在振动过程中都要发生变化.

二、振动的振幅、周期和频率

在描述物体的振动时,常用振幅、周期和频率等物理量.

1. 振幅　振动物体离开平衡位置的最大位移,叫做振动的振幅,用 A 表示,单位为米(符号 m). 振幅表示振动的强弱.

2. 周期　振动物体完成一次全振动所需要的时间,叫做振动的周期,用 T 表示,单位为秒(符号 s). 周期反映振动的快慢程度.

3. 频率　单位时间内完成的全振动的次数,叫做振动的频率,用 f 表示,单位为赫兹(符号 Hz). 频率同样是反映振动的快慢程度.

周期 T 和频率 f 互成倒数的关系. 即

$$T = \frac{1}{f} \quad 或 \quad f = \frac{1}{T} \tag{2-1-3}$$

振动系统的振动频率与其振幅的大小无关,完全由振动系统本身的性质决定. 由系统本身的性质所决定的周期或频率叫做固有周期或固有频率.

弹簧振子的固有周期是

$$T = 2\pi\sqrt{\frac{m}{K}} \tag{2-1-4}$$

例 2-1-1　一弹簧振子在 10cm 范围内振动,5s 内完成 10 次全振动,问其振幅、周期、频率各是多少?

解:依题意得

振幅 $A = \dfrac{10\text{cm}}{2} = 5\text{cm}$

周期 $T = \dfrac{5\text{s}}{10} = 0.5\text{s}$

频率 $f = \dfrac{1}{T} = \dfrac{1}{0.5\text{s}} = 2\text{Hz}$

答:该振子振动的振幅是 5cm,周期是 0.5s,频率是 2Hz.

三、共 振

(一) 阻尼振动、等幅振动和受迫振动

在振动过程中,振动物体由于不断克服外界阻力做功而消耗能量,振幅就会逐渐减小. 振幅

随时间逐渐减小的振动,叫做阻尼振动(图2-1-2).

如果在振动过程中,用一个周期性的外力作用于物体,补充因克服阻力损失的能量,物体就可持续地作等幅振动(图2-1-3).物体在周期性的外力(策动力)作用下的振动叫受迫振动.物体作受迫振动时的频率就等于策动力的频率,与物体的固有频率无关.

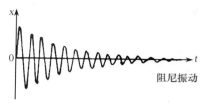

图 2-1-2

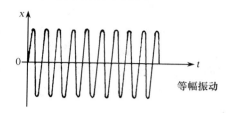

图 2-1-3

(二) 共振

在受迫振动中,策动力的频率跟物体的固有频率相等时,物体振动的振幅最大,这种现象叫做共振.

1. 共振的应用　共振现象在物理学、工程技术中有广泛应用,在近代医疗技术方面起了重大作用,如激光技术、核磁共振等.声音的共振叫做共鸣.人发音时,是口、喉、鼻腔等空腔共鸣发出的,许多乐器也是靠共振发出悦耳动听的声音.人耳的外耳道一端敞开,另一端封闭,其空腔的共振作用使人耳最容易听到频率为 1000~3000Hz 左右的声音.共振对叩诊听诊也有一定的价值.

2. 共振的防止　在某种情况下,共振也可能造成损害.如人体全身的共振频率约为 3~14Hz,当外界与人体产生共振时,可刺激前庭器官和内脏,将出现恶心、呕吐、头昏以及血压下降等现象,严重者可损坏脏器以致死亡.次声武器的杀伤力就是利用了这种现象.

> 约1700年前的东汉末期,有一户人家有个铜盘,不知什么原因每天早晚两次自己就响起来.当时的科学家张华告诉这家人说,铜盘的声调和宫里的钟的声调相同,宫里早晚两次敲钟,铜盘也就随着响起来(即发生共振),只要把铜盘磨薄一些(即改变其固有频率),它就不会自己再响了.这户人家照办后,铜盘果然不再自鸣了.

1968 年 4 月的一个傍晚,在法国马赛附近的一户 12 人家庭正在吃晚饭,突然间一个个莫名其妙地失去知觉,短短几十秒钟后 12 人全部死亡,与此同时,还在田间干活的另一家农民,10 个人也当场毙命.这是什么原因引起的呢?后来经调查,才知道座落在 16km 外的国防部次声试验所正在进行次声武器试验,由于技术上的疏漏,次声波泄露出来,造成了这一杀人不见血的惨案.

> ### 次声波
> 次声波是一种振动频率低于 20Hz 的机械波,传播距离远,穿透能力强,人的耳朵听不见.当使用次声波武器对有生力量杀伤时,在毫无知觉的情况下次声波已悄悄进入人体,人体各器官就会不由自主地随之共振不止.轻者头痛、恶心、眩晕,次重者肌肉痉挛、全身颤抖、呼吸困难、神经错乱,严重者脱水休克、失去知觉、血管破裂、内脏损伤而迅速死亡,并且从外观上看无任何痕迹.所以,有人称它为"杀人不见血的新式武器".

1906 年,俄国彼德堡封塔河上的爱纪特桥有一连俄国的骑兵通过,连长为了显示军威,命令骑兵指挥训练有素的战马以雄赳赳、气昂昂的姿态,步调一致地挺进,很快大桥就上下颠簸了几下,突然发出惊天动地的巨响,大桥坍塌了.事后科学家检查,发现坍塌的原因不是因为桥的强度不够,而是骑兵和战马的步调与桥的振动固有频率一致,于是发生了共振,越振越强的桥梁很快就被振塌了.

18世纪法国的里昂白大桥,也因一队士兵通过时,步伐过于整齐而断裂,有226人丧生.

总之,在需要利用共振时,应使策动力的频率接近或等于振动物体的固有频率;在需要防止共振危害时,要想办法使策动力的频率和固有频率不相等,而且相差越多越好.

本节讨论了最简单、最基本的一种振动形式——简谐振动及描述简谐振动特点的几个物理量.如描述振动强弱的量——振幅.描述振动快慢的量——周期和频率及二者的关系.还学习了共振现象.你能举出共振的应用和防止的实例吗?

小 结

1. 在简谐振动中,回复力大小跟_____成正比而方向与_____相反.
2. 振动物体离开平衡位置的_____,叫做振动的振幅,发生共振的条件是_____.
3. 关于简谐振动,下列说法正确的是 （　　）
   A. 简谐振动是一种匀加速运动
   B. 回复力总是指向平衡位置
   C. 在简谐振动中,回复力与位移成反比
   D. 在简谐振动中,加速度的大小跟位移大小成正比且方向相同
4. 简谐振动的振幅为 A,则振子振动1周期的通过路程为 （　　）
   A. 0 　　　　　B. $2A$ 　　　　　C. $4A$ 　　　　　D. A
5. 弹簧振子在8cm范围内振动,2s内完成10次全振动,则其振幅、周期、频率分别为 （　　）
   A. 8cm,5s,0.2Hz 　B. 4cm,5s,0.2Hz 　　C. 4cm,0.2s,5Hz 　　D. 8cm,0.2s,5Hz
6. 产生共振的条件是 （　　）
   A. 物体做等幅振动 　　　　　B. 策动力频率大于物体固有频率
   C. 策动力频率小于物体固有频率 　D. 策动力频率跟物体固有频率相等

第2节 波 动

一、机械波、横波和纵波

（一）机械波

机械振动在介质中的传播,叫做机械波,简称波.波在传播振动的同时,也将波源的能量进行传递.波是传递能量的一种方式.

（二）横波和纵波

振动方向跟波的传播方向垂直的波叫做横波.横波的波形特征是凹凸(起伏)相间,凸起部分的最大位移处叫做波峰,凹下部分的最大位移处叫做波谷.振动方向跟波的传播方向在同一直线上的波,叫做纵波.纵波的波形特征是疏密相间,密集的部分称波的密部,稀疏的部分称波的疏部(图2-2-1).

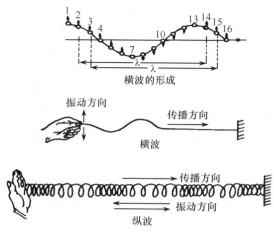

图 2-2-1

二、波长、周期和波速的关系

1. 波长　波在一个周期内所传播的距离(或两个相邻的振动状态完全相同的两个质点间的距离)叫做波长,用 λ 表示,单位为米(m).

2. 周期　在波传播过程中,各个质点振动的周期相等,都等于波源的振动周期,用 T 表示,单位为秒(s).

3. 波速　振动传播的速度叫波速,用 v 表示,单位是米/秒(m/s).

波长、周期和波速的关系是

$$v = \frac{\lambda}{T} \quad 或 \quad v = \lambda f \tag{2-2-1}$$

波的周期(或频率)由波源决定,某一频率的波,在不同的介质中传播时,频率不变,而波速、波长都要发生变化.波速是由介质的性质决定的,在同一介质中,波速不变,频率越高,波长越短;频率越低,波长越长.

例 2-2-1　频率是 256Hz 的波,求它在空气中的波长.

解: $f = 256\text{Hz}, v_空 = 340\text{m/s}$

根据 $v = \lambda f$ 得

$$\lambda_空 = \frac{v_空}{f}$$

$$= \frac{340\text{m/s}}{256\text{Hz}}$$

$$= 1.33\text{m}$$

答:该波在空气中的波长是 1.33m.

　　本节主要学习了自然界中常见的一种运动形式——机械波.波动传播的是振动的形式和振动的能量.凡振动方向跟波的传播方向垂直的波叫做横波,振动方向跟波的传播方向在同一直线上的波,叫做纵波.波长、周期(或频率)和波速满足如下关系: $v = \lambda/T$ 或 $v = \lambda f$.

1. 波在一个周期内所传播的距离叫做_____,用_____符号表示,单位是_____.

2. 振动方向跟波的传播方向_____的波,叫做纵波.纵波的波形特征是_____间.

3. 下面概念正确的是 （　　）
   A. 振动在介质中的传播,叫做机械波　　　B. 有了机械振动一定有机械波
   C. 有了机械波必定有机械振动　　　　　　D. 介质质点的迁移形成了机械波

4. 在空气中波长为17m,传播速度为340m/s的声波在骨络中传播(速度为3400m/s)时的波长是 （　　）
   A. 0.5m　　　　　B. 20m　　　　　C. 1.7m　　　　　D. 170m

第3节 声 波

一、声音的传播

　　能够在听觉器官引起声音感觉的波动称声波,通常也叫声音.人类能够感觉到的声波频率范围大约是20～20 000Hz.频率低于20Hz的波叫做次声波,地震、火山喷发、暴风、雷鸣及人体胸膜内的脏器都伴有次声波.频率高于20 000Hz的波叫做超声波,蝙蝠、海豚和一些昆虫能发出超声波.次声波和超声波都不能引起人耳的听觉,但是从物理学的观点来看,它们和普通的声音并没有本质上的不同.

　　声音能在气体、液体、固体中传播,但不能在真空中传播.在不同的介质中,声音具有不同的传播速度.声音的传播速度与介质的性质和温度有关.表2-3-1是20℃时一些介质中的声速.

　　声音在固体中的传播速度最快,液体中次之,气体中最慢.气体中声音的传播速度受温度的影响较明显,通常空气的温度每升高1℃,声速增大约0.6m/s.固体和液体中的声速受温度影响较小,一般可以忽略不计.

表2-3-1　一些介质中的声速(20℃)

介质	声速(m/s)
空气	343
人脑	1350
脂肪	1400
水	1484
肌肉	1568
密质骨	3600
钢	5050

二、声强和声强级

(一) 声强

　　单位时间内,通过垂直于声波传播方向上单位面积的能量,叫做声强,用I表示,则

$$I = \frac{E}{S \cdot t} \tag{2-3-1}$$

式中,S表示面积;t表示时间;E表示t时间内垂直通过S面的总能量.声强的单位是焦/(米²·秒)或瓦/米²[符号J/(m²·s)或W/m²].声强的大小取决于声振动的振幅和频率.

(二) 声强级

　　能够引起人耳听觉的声波,不仅在频率上有一定的范围,在声强上也有一定的范围.当频率为1000Hz时,声强范围约为10^{-12}～$1W/m^2$,两者相差1万亿倍.因此,用声强进行量度很不方便.生理学的研究证实:人耳对两个不同声强的感觉近似地与两个声强之比的对数成正比.因此,在声觉中比较声音的强弱不是使用声强,而是采用声强级(表2-3-2).

　　用声强I和基准声强I_0(10^{-12}W/m²)之比的常用对数来表示声音的强弱,称为I的声强级.用符号L表示,即

$$L = \lg \frac{I}{I_0} \text{(B)} \tag{2-3-2}$$

式中,L的单位为贝尔,符号B,这个单位太大,通常采用分贝尔(dB)为单位,1B = 10dB,则(2-3-2)式可改写为

$$L = 10 \cdot \lg \frac{I}{I_0}(\text{dB}) \qquad\qquad (2\text{-}3\text{-}3)$$

例 2-3-1　某教师在教室中讲话的声强为 10^{-6}W/m^2，试求其声强级.

解：$I = 10^{-6}\text{W/m}^2$，$I_0 = 10^{-12}\text{W/m}^2$

根据 $L = 10 \cdot \lg \dfrac{I}{I_0}(\text{dB})$ 得

$$L = 10 \cdot \lg \frac{I}{I_0}\text{dB}$$

$$= 10 \cdot \lg \frac{10^{-6}}{10^{-12}}\text{dB}$$

$$= 10 \cdot \lg 10^{6}\text{dB}$$

$$= 60\text{dB}$$

答：其声强级是 60dB.

例 2-3-2　一台机器产生的噪声声强级为 60dB，再增加一台同样的机器，噪声的声强级增加到多大？

解：$L_1 = 60\text{dB}$，$L_2 = 60\text{dB}$

根据 $L = 10 \cdot \lg \dfrac{I}{I_0}(\text{dB})$ 得

$$60 = 10 \cdot \lg \frac{I_1}{I_0}$$

$$6 = \lg \frac{I_1}{I_0}$$

$$\frac{I_1}{I_0} = 10^{6}$$

$$I_1 = 10^{6} \times I_0$$

同理 $I_2 = 10^{6} \times I_0$

$$I_{总} = I_1 + I_2 = 2 \times 10^{6} \times I_0$$

故总的声强级

$$L_{总} = 10 \cdot \lg \frac{I_{总}}{I_0}\text{dB}$$

$$= 10 \cdot \lg \frac{2 \times 10^{6} \times I_0}{I_0}\text{dB}$$

$$= 10\,(\lg 2 + \lg 10^{6})\text{dB}$$

$$= 10(0.3010 + 6)\text{dB}$$

$$\approx 63\text{dB}$$

答：增加一台同样的机器，噪声的声强级增加到约 63dB.

表 2-3-2　常见声音的声强和声强级

声源	声强（W/m²）	声强级（dB）
正常呼吸	10^{-11}	10
小溪流水	10^{-10}	20
医院	10^{-9}	30
阅览室	10^{-8}	40
办公室	10^{-7}	50
日常交谈	10^{-6}	60
交通要道	10^{-4}	80
高音喇叭	10^{-3}	90
地铁列车	10^{-2}	100
纺织车间	10^{-1}	110
柴油机车	10^{0}	120
喷气飞机	10^{2}	140

三、声波的反射、折射和衰减

　　声波在传播过程中，在两种介质的界面上，会发生反射和折射现象. 部分声波返回原介质传播，叫做声波的反射，反射波也叫做回声. 另一部分声波，进入第二种介质改变行进方向继续传播，叫做折射，折射波也称透射波. 声波的反射与折射同光波一样遵守反射与折射定律.

　　声波在介质传播的过程中，它的强度在传播方向上逐渐减弱，这种现象叫做声

笔记栏

波的衰减.声音强度的减弱主要是由于声波能量不断耗散,被介质吸收,转化为内能.声波衰减的快慢,即介质吸收能量的多少,与介质的性质及声波传播距离有关.

我国四大回音建筑

天坛音壁:即北京天坛的回音壁.由于内侧墙面平整而光洁,声音可沿内弧传递.如站在壁前轻轻哼唱,和声随之而起.

石梯琴声:位于四川省潼南县境内,在涪江岸边,有36级石梯,似一把巨大的石琴,每个阶梯犹如一只琴键,只要把脚踏上石梯拾级而上,脚下便会响起美妙悦耳的琴声.

莺莺宝塔:即山西省永济县的普救寺塔.相传《西厢记》中崔莺莺曾居住于此,故得此名.塔身方形,十三层,登塔者在塔身中部用石击之,回声即起.

蛤蟆音塔:在河南省郏县城内,塔虽不高,却以"奇声夺人"闻名于世.游人若以掌击塔,塔内会发出"咯咯"的鸣声,如有千万只蛤蟆在鼓膜低唱.

四、乐音和噪声

(一) 乐音

1. 乐音 悦耳动听,给人以舒适感觉的声音,叫做乐音.客观上乐音是由周期性振动的声源发出来的,如钢琴发出的声音.

2. 乐音三要素

(1)音调:声音的高低叫做音调.音调的高低由振动频率决定.频率越高,音调越高;频率越低,音调越低.一般说,儿童的音调比成人高,女性的音调比男性高.

(2)响度:人耳感觉到的声音强弱的程度叫做响度.它与频率和客观的物理量声强有关.声强越大,感觉到的声音越强;声强越小,感觉到的声音越弱.在声波频率范围(20~20 000Hz)内,频率不同的声音,即使声强相同,对人耳产生的响度也有显著的差别.正常人耳最敏感的频率约在 1000~5000Hz 之间.

(3)音品:管弦乐合奏中虽然各种乐器演奏同一曲子,人耳总能分辨出是什么乐器;同一首歌,不同的歌手演唱,听众得到的感受会大不相同,这是声音的又一种特性——音品(音品又叫做音色).各种乐器发出的声音并不是单一频率的纯音,而是由若干频率和振幅各不相同的纯音组成的复音.其中频率最低、振幅最大的纯音叫做基音.频率等于基音频率整数倍的叫做泛音.音品是由泛音的多少以及各泛音的频率和振幅所决定的.

3. 乐音对人体健康的作用 乐音能促进人体的身心健康,平时多听悦耳的乐音和动听的音乐能使人心情舒畅,陶冶情操.有些病人通过音乐治疗,能增进食欲、增强免疫系统功能和调节自主神经系统功能.

(二) 噪声

1. 噪声 从公共卫生学角度来分析,通常把一切影响人们正常生活、工作、休息的声音(包括乐音)都列在噪声的范畴.从物理学角度分析,噪声是由声源作无规则、非周期性振动时所产生的.

2. 噪声源 噪音来源于交通运输(汽车、飞机等)、工业生产(车床、电锯等)、建筑工地(打桩机、搅拌机等)以及社会生活(放鞭炮、高音喇叭等)发出的刺耳的声音.噪声污染已被列为现代社会的一大公害.

3. 噪声标准 我国城市区域环境噪声上限标准值见表2-3-3.

表 2-3-3　我国城市区域环境噪声上限标准值

区域	白天	夜间
特别安静区(医院疗养院)	35	30
居民文教区	50	40
居民商业混合区	55	45
市中心商业区	60	45
工业集中区	67	55
交通干线两侧	70	55

4. 噪声对人体健康的影响　噪声对人体是一种不良刺激,有损于人体健康.噪声超过 45~50dB,人们就感到厌烦,注意力分散,影响正常休息和工作.如果长期在 80~90dB 以上的噪声环境里,会损伤听力导致其他疾病.超过 120dB 噪声,会使人头晕、恶心、呕吐,甚至引起神经衰弱、高血压等疾病.超过 140dB 的噪声,在短时间就会使人的听觉器官发生急性外伤,并且使整个机体受到严重损伤,引起鼓膜破裂、脑震荡、语言紊乱、神志不清、休克,甚至死亡.

5. 防止噪声的方法　防止噪声的方法有三:一是控制和消除噪声源.如市区严禁燃放鞭炮;在学校、医院、剧院和居民住宅区周围不准交通车鸣号等.其次是控制噪声的传播.用吸声、隔音、隔振、种植花草树木的方法控制噪声的传播.三是个人防护.如使用耳塞、耳罩等.当然,每一个公民都要有社会公德,降低噪声,以保持环境安静,也是十分重要的.

五、叩诊和听诊

(一) 叩诊

叩珍是借助叩击身体某一部位,使之该部位下的脏器发出不同的共鸣音,并根据声音的特性来判断这一部位是否正常的一种检查方法(图 2-3-1).在临床诊断中,将叩击后由脏器发出的声音,习惯地分为鼓音、清音、浊音和实音,各种声音比较如表2-3-4.

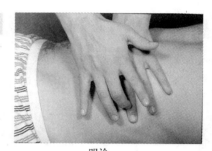

叩诊

图 2-3-1

表 2-3-4　鼓音、清音、浊音和实音的比较

声音	音调	响度	振动时间	叩击器官
实音	音调最高	响度最小	振动时间短	心脏、肝脏、肌肉、骨骼
浊音	音调较低	响度较大	振动时间较长	被肺遮盖的心脏、肝脏
清音	音调更低	响度更大	振动时间更长	肺
鼓音	音调最低	响度最大	振动时间最长	胃、肠

根据叩诊的声音,可以判断器官的边界、病变的情况等.例如,叩击肺脏,正常情况下发出的是清音,但是肺脏有病变时,病变部位发出的就不再是清音.肺炎、肺癌等发出浊音;空洞发出鼓音.

(二) 听诊

听诊是以体内直接发出的声振动来进行诊断的一种检查方法.例如心音、呼吸音、颞下颌关节弹响音等.发自体内的声音,常因传输途径的不同,而有很大的衰减,甚至不能传到体外.比如,心音是由心脏瓣膜(声源)的振动产生的,它以心脏中的血液、心肌和胸壁为介质,传播到体表再向四周扩散,当传到人耳时,声强已减弱到不能引起听觉的程度,因此需要借助听诊器.

最常用的双耳听诊器由胸件(有膜式和钟式两种)、传声胶皮管和耳塞三部分组成(图 2-3-2).

将胸件压在病人体表的听诊部位,体内音便经胸件

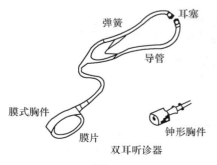

双耳听诊器

图 2-3-2

笔记栏

的集音作用,通过皮管内的气体传导到医生的外耳道.有经验的医生,通过对听诊器中各种声音的辨别,能够从多种声音中鉴别出各种声音.

本节学习了一种具体的机械波——声波.讨论了声波的传播及描述声波的三个物理量——音调、响度和音品.讨论了声波的分类——乐音和噪声及其对人健康的影响.讨论了声波在医学诊断中的应用——叩诊和听诊.知道了最常用的双耳听诊器是由胸件(有膜式和钟式两种)、传声胶皮管和耳塞三部分组成.

小 结

目 标 检 测

1. 噪声对人的身心健康有_____,防止噪声的方法有_____、_____和_____.

2. 最常用的双耳听诊器由_____、_____和_____三部分组成.

3. 下列说法正确的是 （ ）

    A. 声音能在真空中传播   B. 乐音能促进人的身心健康

    C. 音调、声响和音品叫做乐音的三要素   D. 噪声是无法控制的

4. 一台机器噪声的声强级是80dB,两台这样的机器在一起,其噪声的声强级是 （ ）

    A. 80dB   B. 160dB

    C. 0dB   D. 以上答案都不是

5. 防止噪声的方法有 （ ）

    A. 控制和消除噪声源   B. 控制噪声的传播

    C. 个人防护   D. 以上答案都是

第4节 超 声 波

超声波与声波的本质相同,遵守共同的机械波运动规律.传播速度的大小、声强的计算、反射、折射及衰减规律等都是相同的.超声波的频率在 20 000Hz 以上,目前能够获得频率高达 10^{12} Hz 的超声波.

一、超声波的产生和接收

产生超声波的方法有多种,目前医用超声仪器中常利用结构上非对称晶体(如石英、酒石酸钾钠、锆钛酸钡等)的压电效应来获得.压电效应包括正压电效应和逆压电效应.正压电效应是指这类晶体在受到外界压力或拉力时,晶体的两个对称平面上出现异种电荷的现象(图2-4-1).逆压电效应是指如果在压电晶体的两面给予异种电荷,它就会沿一定方向发生压缩和拉伸形变.具有压电效应的晶体叫做压电晶体.

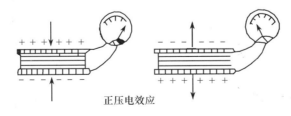

正压电效应

图 2-4-1

压电式超声波发生器(图2-4-2)主要由高频电发生器和晶体换能器(由压电晶体构成)两部分组成.高频电发生器产生超声频周期变化的电场,受这个电场的作用,由逆压电效应,压电晶体就在介质中产生超声波.这个过程完成电能向机械能的转化.超声波进入人体后,遇到不同

笔记栏

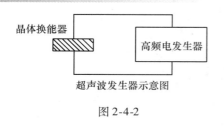

晶体换能器　　高频电发生器

超声波发生器示意图

图 2-4-2

介质分界面被反射回来(简称回波),又作用到压电晶体上,进行机械能向电能的转化.由正压电效应将回波转换成交变电压而被接收电路接收,经放大后由仪器显示出来.因此,可将超声波的产生和接收用下面简式表示:

逆压电效应→电能向机械能的转化→产生超声波.

正压电效应→机械能向电能的转化→接收超声波.

二、超声波的特性和作用

(一) 超声波的特性

由于超声波的频率比声波的频率高、波长短,故它具有以下特性:

1. 方向性好　由于超声波频率高、波长短,衍射现象不显著,因此具有与光波类似的直线传播性质,即方向性好,便于做定向集中发射.

2. 声强大　从理论推知,声强与频率的平方成正比.频率越高,声强越大,故在同样振幅的条件下,超声波的强度比声波大得多,同样振幅的 500kHz 超声波与 1kHz 的声波相比,前者的强度要比后者大 25 万倍.

3. 穿透性强　实验指出,超声波在空气中传播衰减很快,如频率为 1MHz(10^6 Hz)的超声波,在空气中只经过半米长的距离时,其强度就减弱到原来的一半.超声波在液体中能够传播很远,如使强度减弱一半,所经距离约为空气中的 1000 倍.超声波也能穿透几十米长的金属,故超声技术主要用于液体和固体.

(二) 超声波的作用

超声波在介质中传播时,对介质的作用主要有三种:

1. 机械作用　超声波在介质中传播时,介质质点高频振动.虽然振幅很小,由于频率很大,加速度可达重力加速度的几万倍.强度可达几万 W/m^2,在介质中可造成巨大的压强变化.超声波的这种力学效应叫做机械作用.利用这种作用,可以对材料进行钻孔、切割、研磨、粉碎、搅拌等超声处理,对于牙齿、陶瓷等硬而脆的材料,超声加工是理想的方法.

2. 热作用　超声波作用于介质时,使介质分子产生剧烈振动,通过分子间的相互作用,引起介质温度升高.超声波的强度愈大,产生的热作用愈强.

3. 空化作用　超声波在液体中以高频纵波形式传播时,引起液体极为剧烈的疏密变化,密区受压,疏区被拉.液体忍受拉力的能力较差,疏区会承受不了拉力而被撕裂(特别是含有杂质或气泡的地方),从而产生一些近乎真空的微小空腔,经极短时间,空腔又被压缩而突然闭合,产生局部的瞬间高压、高温和放电现象,这种作用叫做空化作用.空化作用会使组织受到损害,但也可用来杀灭细菌、制造乳剂和促进化学反应.

三、超声波在医学中的应用

超声技术应用于医学技术只有几十年的时间,由于它具有独特的优越性,如无损伤、无放射性、无痛苦、低成本、灵敏度高等,已在诊断、治疗及研究方面广泛应用.尤其是超声诊断技术发展很快,已从 20 余年前的波形分析(A 型)而进入图像显示(B 型)范畴.已经发展成为医学图像诊断的一个重要部分.

(一) 超声诊断仪

笔记栏　　超声诊断仪有四个基本组成部分:电源、高频信号发生器、探头(即换能器)和显示器(图 2-4-3).高频信号发生器产生高频电振动输送到探头,压电晶体产生超声波.探头向人体发射的超声波不是连续的,而是以脉冲的形式断续发射.在发射的间歇可接收人体反射回来的超声波.超声诊断的基本原理就是利用超声回波,获取人体内部的信息.探头接收回波,又产生脉冲式交变电压,经放大后输送至显示器,在荧光屏上显示出波形或图像.

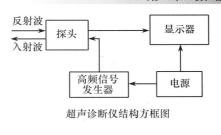

超声诊断仪结构方框图

图 2-4-3

超声诊断仪分为 A 型、B 型、M 型、C 型等多种类型,简称 A 超、B 超、M 超和 C 超等.它们的基本原理相同,工作方式有差别,本节简单介绍 B 超的工作过程.

B 超探查的示意图见图 2-4-4 所示.高频信号发生器 U 和探头 T 输送脉冲式高频电压,探头 T 被激发,发射脉冲式超声束,探头垂直接触体表,探头与体表之间涂有导声耦合剂,以减少超声波能量损失.当探头在被检体表沿某一方向移动对被检部位进行扫描时,探头边移动边发射超声波并接收回波,在荧屏上就以光点的形式显示出超声波行进方向线与探头移动方向线所决定平面的相应脏器的截面声像图.改变探头位置与移动方向,就可得到不同位置,不同方向的纵断面影像.相当于将体内的器官或组织一层层纵向切开进行观察,这种显像方式又叫做超声断面显像技术.B 超既可显示静态被检部位,如肝、脾、肾、子宫等;也能显示出被检部位的活动情况,如观察心脏、大血管、胎儿和膈的动态等.

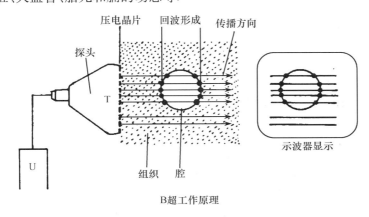

B超工作原理

图 2-4-4

近年来在 B 超的基础上又研制出了彩色多普勒血流成像的彩色 B 超,简称彩超.彩超能以血流的不同色彩(红、蓝)、不同颜色的辉度(亮、淡、深红或深蓝)及多彩血流等来表示血流的方向、流速、范围及类型等.彩超显示的色调,并非人体组织的原色,而是以其反射波强度不同控制的人工彩色,又称假彩色.由于分辨率高,鉴别疾病方便,这种超声断层显像技术发展极为迅速,现已应用于腹部及周围血管、全身脏器的检查.

(二) 超声治疗

超声波用于治疗已成为常规理疗方法.用于诊断的超声强度很低,一般是 $10^{-6}\,\mathrm{W/m^2}$.用于热疗的超声强度要高得多,但一般不超过 $10^4\,\mathrm{W/m^2}$,以防止温度过高及发生空化作用对人体的伤害.常用的透热疗法是应用超声波的热作用,使人体局部温度升高,引起血管扩张、血流加速和组织的新陈代谢加强,达到治疗效果.透热疗法对疾病(如关节炎、关节扭伤、腰肌痛等)有抗炎镇痛作用,疗效较好.近几年在透热疗法的基础上,又发展成超声药物透入疗法(将药物加入耦合剂中,使药物经皮肤或黏膜透入体内),对恶性肿瘤、硬皮病、脓疱性细菌疮、口周皮炎等有较好的疗效.利用超声波可得到一般喷雾器得不到的频率高于 2MHz、直径在 5μm 以下的微细均匀雾状药滴,使它容易被吸入咽、喉、肺泡之中,药物直接作用于病人病变处,对老年慢性支气管炎、婴儿肺炎等疾病疗效快而显著.

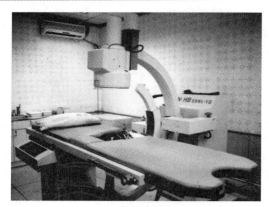

超声碎石机

图 2-4-5

利用超声波的机械作用,可击碎人体内各种结石(肾、膀胱、输尿管及胆囊等部位产生的结石). 碎石分为接触碎石和体外碎石两种. 接触碎石适用于直径 1cm 以上的情况,要配合内镜进行临床操作. 这种碎石效果较为肯定,但操作难度大,对人体有一定程度损伤及痛苦. 体外碎石则利用聚焦的超声束进行治疗,焦点处直径约数毫米,声强可达 $5 \times 10^4 MW/m^2$,超声的脉冲为短脉冲式. 高强度的超声脉冲使置于焦点处的结石逐层剥脱成粉末状态的微小颗粒,随尿液自行排出体外,病人没有痛苦,也不会损伤结石周围的软组织. 图 2-4-5 为超声碎石机.

超声波在骨、脑神经、眼科等也有很好的应用. 近几年超声节育及超声抗早孕的研究也有了一定的进展.

本节学习了超声波. 知道超声波频率在 20 000Hz 以上,产生超声波的方法有多种,目前医用超声仪器中常利用结构上非对称晶体的压电效应来获得. 超声波主要有方向性好、声强大、穿透性强等特性. 超声波在介质中传播时,对介质的作用主要有机械作用、热作用和空化作用. 还了解了超声波在医学诊断和治疗中的应用. 这些问题你都清楚吗?

小 结

目 标 检 测

1. 超声波的频率范围是_____Hz 以上;超声波的主要作用有_____、_____和_____.

2. 产生超声波的方法很多,目前医用超声仪器中常用_____材料的_____效应来获得. 利用_____效应能产生超声波,利用_____效应能接收超声波.

3. 下列说法正确的是 （　　）
   A. 超声波的频率范围是 20～2000Hz
   B. 超声波在气体、液体和固体中均有很强的穿透性
   C. 利用超声波的热作用可进行碎石治疗
   D. 超声波在空气中传播衰减很快

4. 超声波的特性是 （　　）
   A. 方向性好、声强大、有热作用
   B. 方向性好、声强大、穿透性强
   C. 有机械作用、热作用和空化作用
   D. 具有压电效应

（李长驰）

第 3 章 液 体

液体和气体的共同特点是可以流动，我们把它们统称为流体. 研究流体的运动问题，是一门很复杂的学问，在这里，我们只做初步的讨论.

第 1 节　液体的流动

一、基 本 概 念

（一）正压与负压

医学上常以大气压强为准，把高于（当时当地）一个大气压强的压强叫正压，低于（当时当地）一个大气压强的压强叫负压.

人体内当血液从心脏进入主动脉时，平均血压是 + 13.33kPa，表示主动脉中血液的压强比当时当地的大气压强高出 13.33kPa. 胸膜腔的压强是负压，约为 − 1.33 ~ −0.66kPa，表示胸膜腔的压强比当时当地的大气压强低 0.66 ~ 1.33kPa．

正、负压强的知识在临床上应用很广. 例如，静脉输液和高压氧舱、输氧等是利用正压将药液和氧气输入人体的；吸痰器、引流器、电动洗胃器和中医拔火罐等是负压原理应用的器械. 下面介绍输液装置的原理. 在输液装置的瓶塞处插有一根通气管，如果没有这根通气管，进行滴注时，由于瓶内药液的减少，液面上方就会出现负压而阻碍药液流动（滴注），有了这根通气管，能使药液总是受大气压作用，瓶内压强总与大气压相等，而药液靠液柱自身重力产生的正压将药液输入人体（图 3-1-1）.

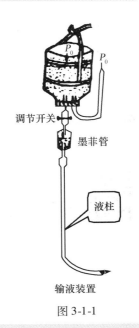

图 3-1-1

（二）理想液体

绝对不可压缩和完全没有黏性的液体，叫做理想液体. 理想液体是为了使液体流动研究简化而提出来的一个理想模型，现实并不存在理想液体. 实际液体是可以压缩的，但压缩性很小，可以忽略不计.例如,对水增加1000标准大气压的压强,仅使水的体积减少5%左右.液体的黏性只在液体作相对运动时才表现出来,有些液体(如甘油)的黏性很大,但许多常见的液体(如水、乙醇)黏性却很小,因而黏性也可以作为一个次要的因素而忽略不计,故常将水、乙醇等液体近似看成是理想液体.

输完液后气体能进入血管吗?

在医院病房常遇到病人或病人陪护人员,在液体快输完时,担心护士不能及时拔针或更换液体而使血管中进入气体的情绪非常紧张的场面.

液体输完时如果不及时拔掉针,血管中真的会进入气体吗? 正常情况下血管中是不可能进入气体的.因为我们人的手背静脉处,血压大约为12cm H_2O(1cm H_2O = 0.098kPa).所以,在液体输完时在输液管中会剩余高度约为12cm的液体柱,这时其内外压强达到动态平衡,会出现血液与药液的交换,管内液体会变成红色.这时,应防止因血液凝固而堵塞针头.

(三) 稳定流动

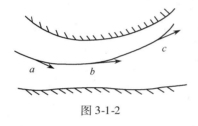

图3-1-2

液体流动时,如果液体微粒流过空间中的任何一个固定点时,速度不随时间而改变,这样的流动,就叫做稳定流动,简称稳流.如图3-1-2,若水经过 a、b、c 各点时,其速度的大小和方向不随时间而改变,则此流动为稳流.自来水管里的水流,从大蓄水池中流出来的水流,输液时吊瓶中药液的向下流动等可以近似地看做稳流.

(四) 流量

单位时间内流过某一横截面的液体的体积,叫做液体在该截面处的流量(图3-1-3).用 Q 表示,即

$$Q = Sv \qquad (3-1-1)$$

在国际单位制中,流量的单位是米³/秒(m³/s).

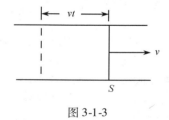

图3-1-3

(五) 层流与湍流

液体的分层流动

图3-1-4

实际液体在管内流动时,各部分流动的速度不一致,越靠近管壁,流速越慢,和管壁接触部分附着在管壁上,速度为零,在管的中央速度最大.管内液体的这种分层流动,称为层流或片流(图3-1-4).

液体的流速超过一定数值后,其流动不再是层流,外层的液体将不断进入内层而形成涡流,流动是杂乱的并发出声音,这种流动称湍流.如人体内心脏瓣膜附近,由于瓣膜的启闭将造成局部血流突然高速流动而引起湍流.正常情况下,心血管系统及其他部位是不会有湍流产生的.当人剧烈运动时因血流加快,主动脉中也可出现湍流;瓣膜狭窄、动静脉短路等疾病也可能造成血流加快而产生湍流.湍流区别于片流的特性之一是它能发出声音.

(六) 内摩擦力与液体的黏性

液体做层流时,相邻两液层作相对滑动,速度大的一层给速度小的一层以拉力,速度小的一

层给速度大的一层以阻力,这一对力叫做内摩擦力.由于内摩擦力的存在而具有相互牵制的性质,这种特性叫做液体的黏性.

在片流中,内摩擦力的大小与从一层到另一层流速变化的快慢程度有关(图3-1-5).$\frac{\Delta v}{\Delta L}$表示相距$\Delta L$的两层之间单位距离上速度的变化,称为速度梯度,这个值越大,液体内,层与层的速度变化也越大.实验证明,内摩擦力f大小和两液层的接触面积S以及被考虑处的速度梯度$\frac{\Delta v}{\Delta L}$成正比.即

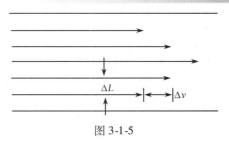

图 3-1-5

$$f = \eta S \frac{\Delta v}{\Delta L}$$

(3-1-2)

式中,比例常数η叫做液体的黏度或内摩擦系数,它的值取决于液体的性质,并和液体的温度有关,一般随温度的升高而减小(表3-1-1).在国际单位制中,η的单位是帕·秒(Pa·s).

血液的黏性:血液的黏度很大,约为水的$4 \sim 5$倍.当血细胞数增加时,血液的黏度增大,当血细胞数减少(如贫血病人)时,血液的黏度变小.测量血液的黏度,对诊断疾病有帮助,也是检验药品的一种方法.

表 3-1-1　常见液体黏度随温度变化值

液体	温度(0℃)	黏度η(Pa·s)
水	0	1.8×10^{-3}
水	37	0.6×10^{-3}
水	100	0.3×10^{-3}
水银	0	1.68×10^{-3}
水银	20	1.55×10^{-3}
水银	100	1.0×10^{-3}
蓖麻油	17.5	1225.0×10^{-3}
蓖麻油	50	122.7×10^{-3}
甘油	26.5	494
血液	37	$2.0 \times 10^{-3} \sim 4.0 \times 10^{-3}$
血浆	37	$1.0 \times 10^{-3} \sim 1.4 \times 10^{-3}$
血清	37	$0.9 \times 10^{-3} \sim 1.2 \times 10^{-3}$

二、液体流动的基本规律

(一) 连续性原理

对于不可压缩的液体来说,在同一管中作稳定流动时,任何一处横面积和该处液体流速的乘积,是一个恒量.这一结论叫做液体的连续性原理(图3-1-6).

连续方程:

$$Q = S_1 v_1 = S_2 v_2 = 恒量$$

(3-1-3)

或

$$\frac{v_1}{v_2} = \frac{S_2}{S_1} = \frac{D_2^2}{D_1^2} = \frac{R_2^2}{R_1^2}$$

(3-1-4)

连续性原理示意图
图 3-1-6

(3-1-4)式表明:在稳定流动的情况下,同一管子里液体流速和管子的截面积成反比.例如,在一条河流中,河面窄河底浅的地方(截面积小)水流得较快(流速大),在河面宽河底深的地方(截面积大)水流得较慢(流速小).输液时针尖处药液的流速比吊瓶中药液的流速大得多,就是因为针尖处横截面积比吊瓶的横截面积小得多的缘故.

血液循环时也基本符合此规律.血液在主动脉中平均流速约为22cm/s,流至毛细管时,由于毛细血管的总截面积约为主动脉面积的750倍,血流速度减慢,约为$0.05 \sim 0.1$cm/s,为主动脉流速的$0.2\% \sim 0.47\%$.当血液流入静脉时,总面积逐渐减小,流速逐渐增大,流到上、下腔静脉时,血流速度已接近11cm/s左右.

例3-1-1 静脉注射所用针筒内径为2cm,而针尖内径仅0.5mm,护士手推速度是$1×10^{-3}$m/s,则葡萄糖注射液进入静脉时的速度是多大?

解:$D_1=2$cm$=2×10^{-2}$m,$D_2=0.5$mm$=5×10^{-4}$m

$v_1=1×10^{-3}$m/s

根据连续性方程$\dfrac{v_1}{v_2}=\dfrac{S_2}{S_1}=\dfrac{D_2^2}{D_1^2}$得

$$v_2=\frac{v_1×D_1^2}{D_2^2}$$

$$=\frac{1×10^{-3}\text{m/s}×(2×10^{-2}\text{m})^2}{(5×10^{-4}\text{m})^2}$$

$$=1.6\text{m/s}$$

答:葡萄糖注射液进入静脉时的速度是1.6m/s.

(二) 流动液体的压强与流速的关系

通过图3-1-7所示的实验现象可以说明:理想液体在水平管中作稳定流动时,在管子截面积大的地方,流速小,压强大;截面积小的地方,流速大,压强小. 这一结论,同样适于气体. 如对着自然放置在桌面上的两个乒乓球中间吹气,两球不是远离而是靠拢.

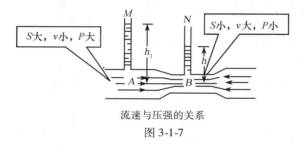

流速与压强的关系

图3-1-7

流动液体(气体)的压强与流速的关系有很大的实际应用意义. 在航空、航海、水利、医学等有广泛应用. 喷雾器、水流抽气机、雾化吸入器等就是利用这一原理制成的. 利用管道狭窄处液体流速大、压强小,从而将外部流体吸入的现象叫做空吸作用(图3-1-8).

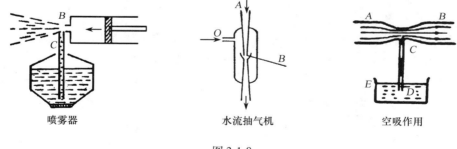

喷雾器　　　　　　　水流抽气机　　　　　　空吸作用

图3-1-8

(三) 泊肃叶方程

通过实验和数学推导得出,黏性液体在管中作片流时,流量与管两端的压强差、管半径的四次方成正比,与流管长度、液体黏度成反比. 这个规律是法国著名医生泊肃叶于1846年首先在实验的基础上得出,叫做泊肃叶定律. 泊肃叶公式如下:

$$Q=\frac{\Delta P×\pi r^4}{8\eta L} \tag{3-1-5}$$

笔记栏

在(3-1-5)式中,令 $R = \dfrac{8\eta L}{\pi r^4}$,则泊肃叶方程可简化为

$$Q = \frac{\Delta P}{R} \qquad\qquad (3\text{-}1\text{-}6)$$

式中,R 对液体流动起阻碍作用,所以叫流阻.R 在生理学上又叫外周阻力.

(3-1-6)式表达了流量、流阻和压强差的关系.用此式来认识血液循环,Q 代表心脏的输血量,ΔP 代表血压差,R 为血液受到的流阻,如失血过多者血流量 Q 减少会引起血压下降,心力衰竭者将因血压差减小会血流缓慢,小动脉收缩会增加心脏负荷.

三、血液的流动

血液在人体内川流不息.由于血液中含有大量微小颗粒,如红细胞、白细胞和血小板等,所以它的黏度较大;作为血液载体的血管,具有弹性,且其张力和直径都受神经和体液的控制.这就导致血液在血管中流动的复杂性.

(一) 心血管的体循环

血管中血液的流动是连续的.当心脏收缩时,血液流向动脉,心脏舒张时,血液流回心脏.血液总是由动脉经毛细血管流到静脉,再回到心脏(图 3-1-9).血管中血液的流动是连续的,单位时间内流回心脏的血量等于从心脏流出的血量.因此,血液在血管中的流速跟总截面积成反比(图 3-1-10).

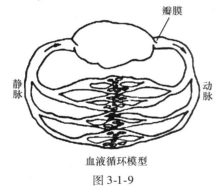

图 3-1-9

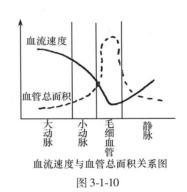

图 3-1-10

(二) 血压

血压指血液流动时对血管壁的侧压强.它随着心脏的收缩和舒张而变化.

1. 收缩压 左心室收缩将血液泵入主动脉时,主动脉血压达到最高值,称为收缩压.

我国健康青年人的收缩压为 13.3 ~ 16.0kPa.收缩压除与心脏有关外,还与主动脉的弹性以及所容血量有关.正常主动脉富有弹性,一定量血液射入时,血管被动扩张,既能缓冲压力,又能把压力转换为弹性势能.收缩压反映动脉的弹性.动脉硬化病人,心排血量虽然正常,但收缩压会明显升高.

2. 舒张压 当主动脉回缩将血液逐渐注入分支血管时,血压跟着下降,血压降到最低值时正处于心脏舒张期,此最低值为舒张压.

我国健康青年人的舒张压为 8.0 ~ 10.6kPa.舒张压与外周阻力有关.如外周阻力变大可以使舒张压升高.

3. 脉压 收缩压与舒张压之差称为脉压.脉压随着血管远离心脏而减小,到小动脉处几乎为零.

血压以千帕(kPa)为单位,由于人们长期用水银压强计来测血压,习惯上也用水银柱的高度即毫米汞柱(mmHg)来表示,1mmHg＝0.133kPa.

由于血液的黏性较大,内摩擦力做功使血液消耗能量,所以,血液从左心室射出后,血压一直按血流方向不断降低.到腔静脉时出现了负压.血压在小动脉中下降最快(图3-1-11),这是由于小动脉数量多,血液流动摩擦面大,能量损耗多的缘故.

(三)血压计

人体血压可用血压计间接测量.血压计有盒式、包式等多种,我们以盒式汞柱型血压计为例介绍其原理以及使用方法.

1. 构造　盒式汞柱型血压计主要由测压计(开口压强计)、加压橡皮球(打气球)、橡皮袋(充气袋)等三部分组成(图3-1-12).

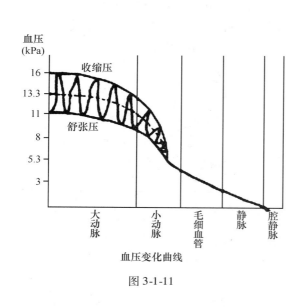

图3-1-11

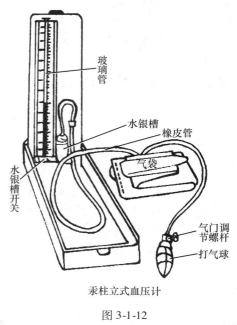

图3-1-12

2. 使用方法　测压时,按压血压计盒前端锁钮,血压计上盖便自动弹开,用手揭起,使之直竖于底盘之后端.将底盘内之气袋和打气球取出,把气袋缠绕在病人左或右臂肱动脉处,并与心脏保持同一高度.把听诊器的探头感受面紧贴在肱动脉处,再戴上听诊器.将水银压强计U型管底中部的连通阀门杆拨到连通侧(右侧).锁住打气球泄气阀门,即可用打气球向气袋充气.压闭血管,听诊器里听不到搏动声,再增压4kPa左右而停止打气.然后松动泄气阀门螺母,使之缓缓放气,水银柱也跟着缓缓下降,手臂肱动脉由压瘪状态开始逐渐恢复原状.当气袋中压强等于收缩压强时,血液的一部分可冲过已放松还未张开的肱动脉.此时血液的流速很大,形成湍流.故当听诊器听到第一声响声时,水银柱高度所反映的压强值就是收缩压值;继续慢慢放气,水银柱继续下降.当听诊器听到搏动声突然变弱或消失时(血管形态复原,血液由湍流变为稳流),所对应的水银柱高度所反映的压强值就是舒张压值.

3. 血压记录和口述方法　记录血压采用分数式,即收缩压/舒张压.当口述血压数值时,应先读收缩压,后读舒张压.如测得收缩压为15.3kPa,舒张压为9.5kPa,则血压记录为:15.3/9.5kPa.

笔记栏

这节课主要学习了正压与负压、理想液体、稳定流动、流量、层流与湍流、内摩擦力与液体的黏性等概念,学习了连续性原理、泊肃叶方程、血压计的构造和使用方法,了解了流动液体的压强与流速的关系及人体血压的分布规律.

小 结

目 标 检 测

1. 医学上常以大气压强为准,把高于(当时当地)一个大气压强的压强叫_____压,低于(当时当地)一个大气压强的压强叫_____压.如主动脉的平均血压是 +13.33kPa,表示_____.

2. 静脉注射所用针筒内径为2cm,而针尖内径仅1mm,护士手推速度是 1×10^{-3} m/s,则葡萄糖注射液进入静脉时的速度是_____m/s.

3. 下列说法正确的是　　　　　　　　　　　　　　　　　　　　　　　　　　　　( )

　A. 正压和负压指压强分别为正值和负值

　B. 湍流就是层流

　C. 理想液体在管中作稳定流动时,在管子细的地方,流速大,压强小

　D. 血液从左心室射出,其压强在向前流动的过程中保持不变

4. 下列说法错误的是　　　　　　　　　　　　　　　　　　　　　　　　　　　　( )

　A. 血液是理想液体

　B. 在稳定流动的情况下,同一管子里液体流速和管子的截面积成反比

　C. 中医拔火罐是负压原理的应用

　D. 湍流区别于片流的特性之一是它能发出声音

5. 下列说法错误的是　　　　　　　　　　　　　　　　　　　　　　　　　　　　( )

　A. 血压计由开口压强计、打气球和充气袋等三部分组成

　B. 测量血压时,把气袋缚在病人上臂肱动脉处,并与心脏保持同一高度

　C. 记录血压采用分数式,即舒张压/收缩压

　D. 血压在小动脉处降低最多

第2节　液体的表面性质

与空气接触的液体薄层叫做表面层,与固体接触的液体薄层叫做附着层.表面层的分子由于受气体分子的影响,分子密度通常小于液体内部的分子密度.附着层的分子因既受固体分子的附着力作用,又受液体内部分子的内聚力作用,所以,其分子密度可能大于也可能小于液体内部的分子密度.由此,引起了一些特殊的液面现象.

一、液体的表面张力

液体的表面好像一张绷紧的橡皮膜,具有使自身表面面积趋于最小的特性.例如荷叶上的小水滴和玻璃板上的小水银滴都收缩成球形;如果将一棉线拴在金属环上,使环上布满肥皂液膜[图 3-2-1(a)],然后用热针刺破一侧时,棉线将被另一侧液膜拉成弧形[图 3-2-1(b)、(c)].这些都说明液体表面存在着张力.

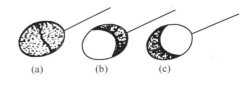

(a)　　(b)　　(c)

图 3-2-1

（一）液体表面张力的概念

液体表面

I　F_1

F_2　II

液体的表面张力

图 3-2-2

液体表面层相邻部分间的引力称为液体的表面张力. 液体的表面张力的方向总是与液面相切, 且垂直于分界线（图 3-2-2）. 经实验和理论证明: 一定温度下的同种液体, 液体表面张力的大小与液面分界线的长度成正比. 用公式表示为

$$F = aL \tag{3-2-1}$$

式中, F 表示表面张力; L 为分界线长度; a 叫做液体表面张力系数. 对于有两个表面的液膜（图 3-2-1）来说, 张力应为

$$F' = 2aL \tag{3-2-2}$$

（二）液体表面张力系数

液体表面张力系数在数值上等于作用在液体表面单位长度的分界线上的力. 在国际单位制中, 其单位是牛顿/米（N/m）.

同一温度下, 不同液体 a 值不同; 同一液体, a 值随温度的升高而减小（表 3-2-1）. 此外, 杂质也能改变液体的表面张力系数. 使液体表面张力系数减小的杂质称表面活性物质（如肥皂液、胆盐等）; 使液体表面张力系数增大的杂质称非表面活性物质（如糖、氯化钠等）.

医学上, 用测定人体尿液、血液的表面张力系数与其正常值之差异诊断疾病. 表面张力还能说明液体其他许多特有的现象: 如液体不能通过小网眼, 使得雨伞、帐篷能遮雨.

表 3-2-1　几种液体的表面张力系数（单位 N/m）

液　体	温度(°C)	$a(\times 10^{-3})$
水	0	75.64
水	20	72.75
水	40	69.56
水	60	66.13
水	80	62.61
水	100	58.85
肥皂溶液	20	40
乙醇	20	22
水银	20	470
胆汁	20	48
血液	37	40～50
血浆	20	60
正常尿	20	66
黄疸病人尿	20	55
液态氢	-253	2.1
液态氦	-269	0.12

例 3-2-1　如图 3-2-3 所示, 在一长方形金属框上有一可自由滑动的金属丝 ab 长 4cm. 当框蒙上肥皂膜时, 需在 ab 上加 3.2×10^{-3}N 的力才能使肥皂膜处于平衡. 求肥皂液的表面张力系数.

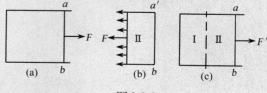

图 3-2-3

解: $L = 4$cm $= 4 \times 10^{-2}$m, $F' = 3.2 \times 10^{-3}$N, 因肥皂膜处于平衡且肥皂膜有两个表面, 故有

$$F' = 2aL$$

$$a = \frac{F'}{2L} = \frac{3.2 \times 10^{-3}\text{N}}{2 \times 4 \times 10^{-2}\text{m}}$$

$$= 4 \times 10^{-2}\text{N/m}$$

答: 肥皂液的表面张力系数是 4×10^{-2}N/m.

笔记栏

二、球型液面的附加压强

(一) 球型液面的附加压强的大小和方向

液体内部的压强与其表面形状有关,由于表面张力的存在,表面周界上都有表面张力作用.当液面为平面时,这些力的合力为零;当液面为凸球面时,合力向下,指向液内;当液面为凹球面时,合力向上,指向液外.因此,球型液面下的液体要比水平液面的液体多受一个力的作用,这个力产生的压强叫做球型液面的附加压强,用 P_s 表示.球型液面的附加压强的方向总是指向液面曲率中心(图 3-2-4).经数学推导,球型液面附加压强的大小为

$$P_s = \frac{2a}{R} \tag{3-2-3}$$

(3-2-3)式表明:球型液面的附加压强的大小与液面的表面张力系数 a 成正比,与球型液面的半径 R 成反比.

若为液泡,因其有两个表面,则其附加压强为

$$P_s = \frac{4a}{R} \tag{3-2-4}$$

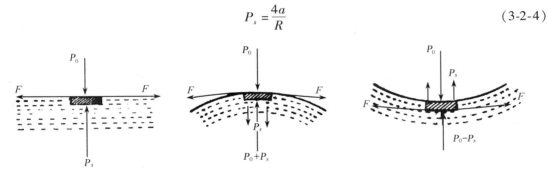

图 3-2-4　球型液面附加压强形成原理示意图

例 3-2-2　试计算一半径为 5cm 的肥皂泡和一半径为 5mm 的水银滴的附加压强.

解:(1) $R = 5\text{cm} = 5 \times 10^{-2}\text{m}, a = 40 \times 10^{-3}\text{N/m}$

根据 $P_s = \frac{4a}{R}$ 得肥皂泡的附加压强为

$$P_s = \frac{4a}{R}$$
$$= \frac{4 \times 40 \times 10^{-3}\text{N/m}}{5 \times 10^{-2}\text{m}}$$
$$= 3.2\text{Pa}$$

(2) $R = 5\text{mm} = 5 \times 10^{-3}\text{m}, a = 470 \times 10^{-3}\text{N/m}$

根据 $P_s = \frac{2a}{R}$ 得水银滴的附加压强为

$$P_s = \frac{2a}{R}$$
$$= \frac{2 \times 470 \times 10^{-3}\text{N/m}}{5 \times 10^{-3}\text{m}}$$
$$= 1.88 \times 10^2\text{Pa}$$

答:半径为 5cm 的肥皂泡的附加压强是 3.2Pa,半径为 5mm 的水银滴的附加压强是 1.88×10^2Pa.

(二) 肺泡液表面张力系数的自动调节作用

肺是人体与外界进行气体交换的器官,内含 3 亿~7.5 亿个互相连通的肺泡.肺泡是呼吸过程气体的交换场所,肺泡形状大小不一,却能处于压强平衡,小肺泡不萎缩,大肺泡不过度扩

笔记栏

张.这是因为肺泡表面细胞能分泌一种磷脂类物质的表面活性剂,当肺泡大小发生变化时,其表面活性剂的浓度也相应变化.肺泡 R 变小时,表面积减小,表面活性剂在表面分布的浓度变大,表面张力系数 a 变小;肺泡 R 变大时,表面积变大,表面活性剂在表面分布的浓度变小,表面张力系数 a 变大,根据 $P_s = 2a/R$ 可知,大小肺泡内气体附加压强仍能处于平衡.这种肺泡液表面张力系数的自动调节作用,能维持肺泡大小相对的稳定,使小肺泡不会萎缩,大肺泡不会过度扩张而破裂(图 3-2-5).

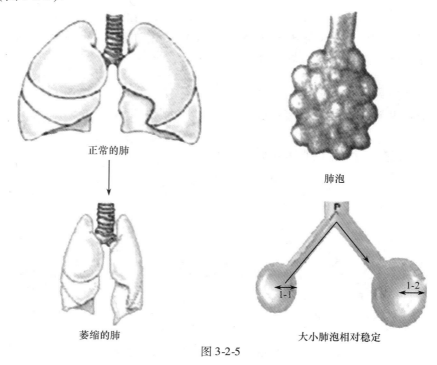

正常的肺

肺泡

萎缩的肺

大小肺泡相对稳定

图 3-2-5

三、浸润和不浸润

(一) 浸润现象

当液体附着层受到固体的附着力大于液体内部对它的内聚力时,附着层有尽量向固体扩展的趋势,如水滴在干净的玻璃板上,会漫成一片,这叫做浸润现象.这时的液体叫做固体的浸润液体.如水是玻璃的浸润液体[图 3-2-6(a)].

(二) 不浸润现象

当液体附着层受到固体的附着力小于液体内部对它的内聚力时,附着层有尽量向液体内部收缩的趋势,如水银滴在洁净的玻璃板上会收缩成球形,这叫做不浸润现象.这时的液体叫做固体的不浸润液体.如水银是玻璃的不浸润液体[图 3-2-6(b)].

同一种液体,对一些固体是浸润的,对另一些固体是不浸润的.如水能浸润玻璃,但不浸润石蜡;水银不能浸润玻璃,但能浸润锌.所以说,浸润和不浸润是由附着层的特殊情况,即固体、

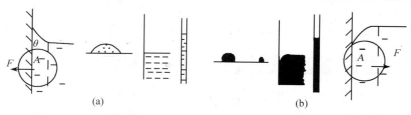

(a)　　　　　　　(b)

图 3-2-6

笔记栏

液体两者的性质决定的.

在药学上固体药物能否被浸润直接影响混悬型液体药剂制作的难易、质量好坏和稳定性.如樟脑、薄荷脑、硫磺不易被水所浸润,则要添加助悬剂才能制成较稳定的混悬液药物;要制备药材的浸出液时,首先要求药材能被溶媒浸润.

四、毛细现象

(一) 毛细现象

浸润液体(或不浸润液体)在细管里上升(或下降)的现象叫做毛细现象(图3-2-7).

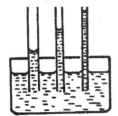
浸润液体在毛细管里上升

不浸润液体在毛细管里下降

图 3-2-7

浸润液体为什么能在细管中上升的原因是:由于浸润液体与毛细管的内壁接触时,引起液面弯曲,使液面变大,而表面张力的收缩作用使液面减小,于是管内液体随着上升,以减小液面,直到表面张力向上的拉引作用和管内升高的液柱的重量达到平衡时,管内液体停止上升,稳定在一定高度.同理,可以解释不浸润液体在毛细管中下降的现象.

浸润液体在毛细管内上升的高度(图3-2-8)满足公式:

$$h = \frac{2a}{\rho g r} \qquad (3\text{-}2\text{-}5)$$

(3-2-5)式说明,毛细管中浸润液体上升的高度与表面张力系数成正比,与毛细管内半径和液体的密度成反比.不浸润液体在毛细管下降高度也满足此式.

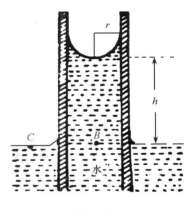

图 3-2-8

(二) 毛细现象在临床上的应用

毛细现象在临床上有很多应用.例如,外科用脱脂棉来擦拭创面污液,就是利用棉花纤维间的毛细作用;普通手术缝合线都先经过蜡处理,因为线中间有无数缝隙,缝合伤口时,一部分线露在体表,缝隙将会成为体内外的通道,蜡处理就是封闭缝隙,破坏毛细作用,杜绝细菌感染.

例3-2-3 将一直径为0.6mm的清洁玻璃管插入密度为$1.054 \times 10^3 \text{kg/m}^3$的人的血液中(37℃),血液在细管中上升的高度为$3.2 \times 10^{-2}\text{m}$,试求人的血液的表面张力系数.

解:$r = 1/2 \times 0.6\text{mm} = 3 \times 10^{-4}\text{m}$,$h = 3.2 \times 10^{-2}\text{m}$,$\rho = 1.054 \times 10^3 \text{kg/m}^3$

根据$h = \frac{2a}{\rho g r}$得

$a = 0.5 \times \rho g h r$

$= 0.5 \times 1.054 \times 10^3 \text{kg/m}^3 \times 9.8\text{m/s}^2 \times 3 \times 10^{-4}\text{m} \times 3.2 \times 10^{-2}\text{m}$

$= 50 \times 10^{-3}\text{N/m}$

答:人的血液的表面张力系数是$50 \times 10^{-3}\text{N/m}$.

五、气体栓塞

（一）气体栓塞现象

当细管中有浸润液体流动时，如果出现一定数量的气泡，这时液体的流动将会受到阻碍甚至无法流动，这种现象叫做气体栓塞现象.

（二）气体栓塞的成因

下面以人体血管中出现气泡而发生气体栓塞来说明气体栓塞的成因.

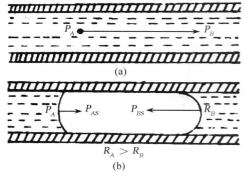
(a)

(b)

图 3-2-9　血管中气体栓塞

假设血管中血液从 A 流向 B，A 点压强为 P_A，B 点压强为 P_B［图 3-2-9(a)］. 只有 $\Delta P = P_A - P_B > 0$ 时才能使血液从 A 流向 B.

如果血管中进了一个气泡，由于受到向右的推动作用，使 $R_A > R_B$，那么 $2a/R_A < 2a/R_B$，则 $2a/R_B - 2a/R_A = \Delta P_s > 0$，方向从 B 指向 A［图 3-2-9(b)］. 如果 $\Delta P > \Delta P_s$，血液仍继续从 A 向 B 流动. 但 $\Delta P = \Delta P_s$ 时，气泡就不会移动，好像一个塞子，而阻碍血液流动. 当血管中有 n 个类似相同气泡，$n\Delta P_s$ 就可能足够大而出现 $n\Delta P_s$ 等于或大于血管两端的压强差，血液停止流动，形成气体栓塞现象.

在血液中，氧和血红蛋白结合，氮以气态溶于血液中，氮原子的溶解度与气压成正比. 如迅速减压，就像打开啤酒瓶时一样，氮会因溶解度减小而从血液中析出，引起气体栓塞. 氦的溶解度是氮的 10 倍，潜水员吸入的是高压氦氧混合气体，因此潜水员从深水处上来，必须有一个逐渐减压的过程，以免发生栓塞.

（三）预防气体栓塞的措施

医学上十分忌讳气体栓塞现象. 它发生在血管中，或造成部分组织、细胞坏死，或危及生命. 它发生在输液管道中，则将使输液无法进行，故需高度重视.

人体血管中出现气泡的几种可能及预防措施：①静脉注射和输液时，空气可能随药液一起进入血管. 所以注射、输液前一定要将注射器中的少量空气和输液管中的气泡排除干净. ②潜水员从深水处上来或病人从高压氧舱出来，原来气压大而多溶于血液中的氧气或氮气将会以气泡形式从血管中析出，所以，必须有一个逐渐减压的缓冲时间，避免造成微血管栓塞.

这节课学习了液体表面张力、球型液面的附加压强、浸润和不浸润现象、毛细现象和气体栓塞现象，了解了肺泡的表面张力和表面活性物质的自动调节作用以及预防人体血管气体栓塞的措施.

小结

目标检测

1. 液体表面层相邻部分间的引力称为液体的_____；能使液体表面张力系数减小的物质叫做表面_____物质.
2. 浸润液体在细管中上升的现象叫做_____现象. 普通手术缝合线先经过蜡处理，是为了破坏_____作用，杜绝细菌感染.

3. 下列说法正确的是　　　　　　　　　　　　　　　　　　　（　　）

　　A. 水对玻璃是不浸润液体

B. 能使液体表面张力系数增大的物质叫做表面活性物质

C. 不浸润液体在细管中上升的现象叫做毛细现象

D. 病人和工作人员从高压氧舱中出来,应有适当的缓冲时间,以免出现气体栓塞现象

4. 在半膨胀的肺中,若肺泡的平均半径为 5×10^{-5} m,肺泡的表面张力系数为 50×10^{-3} N/m,则肺泡中的附加压强为　　　　　　　　　　　　　　　　　　　　　　　　　　　　　　　（　　）

A. 4×10^3 Pa　　　B. 1×10^3 Pa　　　C. 2×10^{-3} Pa　　　D. 2×10^3 Pa

第3节 湿 度
一、饱和气、饱和气压

(一) 饱和气、饱和气压的概念

液体蒸发能在任何温度下进行,当液体装在敞口的容器里时,由于蒸发出来的气分子能够扩散到周围空间去,所以经过一段时间后,液体会全部蒸发完. 当液体装在密封容器中时(图3-3-1),由于蒸发总伴随着一个相反的过程,即在液体分子不断从液面飞出变为气分子的同时,液面上有的气分子又被撞回液面,变成液体分子. 随着蒸发的进行,液面上方空间的气分子密度不断增大,飞出液面的分子由多变少,而返回液面的分子由少变多,当单位时间内返回液面的分子数等于从液面飞出的分子数时,液面上方的气分子密度不再变化,容器中的液体不再减少,这种状态叫做动态平衡. 跟液体处于动态平衡的气叫做饱和气. 某种液体的饱和气具有的压强,叫做这种液体的饱和气压.

图 3-3-1

(二) 影响饱和气压的因素

实验证明,液体的饱和气压只与液体的种类和温度有关,而与体积无关.

1. 液体的饱和气压与液体的种类有关　在相同温度下,不同液体的饱和气压不同,一般越容易挥发的液体,其饱和气压越大. 这是因为温度相同时,各种液体的分子平均动能虽然相同,但易挥发液体分子间的引力较小,克服分子间引力从液体变为气体较容易,因而饱和气压大.

2. 液体的饱和气压与液体的温度有关　对同种液体,温度不同时,饱和气压随温度的升高而增大. 这是因为温度升高时,分子运动加快,分子平均动能增大,单位时间内飞出液面的分子数增多,气分子的密度增大;同时分子平均动能增大,对容器壁的撞击力度也增大,因而饱和气压大. 不同温度下水的饱和气压见表3-3-1.

表 3-3-1　不同温度下水的饱和气压(单位 kPa)

℃	P	℃	P	℃	P	℃	P
-20	0.10	7	1.00	21	2.48	35	5.61
-10	0.26	8	1.07	22	2.64	36	5.93
-5	0.40	9	1.15	23	2.80	38	6.61
-4	0.44	10	1.23	24	2.98	40	7.36
-3	0.48	11	1.31	25	3.16	50	12.30
-2	0.52	12	1.40	26	3.36	60	19.87
-1	0.56	13	1.50	27	3.56	70	31.03
0	0.61	14	1.59	28	3.77	80	47.23
1	0.66	15	1.70	29	4.00	90	69.93
2	0.70	16	1.82	30	4.23	100	101.3
3	0.76	17	1.94	31	4.48	101	104.86
4	0.81	18	2.06	32	4.74	102	108.7
5	0.87	19	2.20	33	5.02	103	112.6
6	0.93	20	2.34	34	5.31	104	116.6

3. 液体的饱和气压与体积无关　这是由于体积增大时一部分液体变成气,体积减小时一部分气变成液体.只要温度不变,饱和气的密度就不变,分子的速度也不变,因而饱和气压保持不变.

在临床工作中,常需根据饱和水气压和温度的关系,用调节蒸汽的压强以控制高压锅内的温度,达到灭菌目的.

二、空气的湿度

(一) 空气的绝对湿度

一定温度时,一定体积的空气中含有的水蒸气越多,空气就越潮湿;含有的水蒸气越少,空气就越干燥.空气中所含水蒸气的密度叫做空气的湿度.由于空气中水蒸气的密度不易测量,而水蒸气的压强却易测量,且水蒸气的密度与水蒸气压强有着一一对应的关系,所以常用空气中水蒸气的压强来表示空气的湿度.

某一温度时,空气中所含水蒸气的压强叫做这一温度下的绝对湿度.由于水分的蒸发随温度的升高而加快,所以空气的绝对湿度随温度的升高而增大.

(二) 空气的相对湿度

人感觉潮湿和干燥与空气中的水蒸气离饱和状态的远近程度密切相关,空气中的水蒸气离饱和状态的远,人表皮水分加快蒸发,人感觉干燥,反之感觉潮湿.为了表达空气中的水蒸气离饱和状态的远近程度,定出与人感觉相一致的指标,引入了相对湿度这个物理量.

某一温度时,空气的绝对湿度跟同温度时水的饱和气压的百分比,叫做当时空气的相对湿度.

设空气中某温度的绝对湿度为 P,饱和气压为 $P_{饱}$,用 B 表示此时的相对湿度,则上述定义用数学公式表示是

$$B = \frac{P}{P_{饱}} \times 100\% \tag{3-3-1}$$

> **例 3-3-1**　室温为 $20℃$ 时,空气的绝对湿度为 0.799kPa,此时的相对湿度是多少? 若当时的室温是 $7℃$,则相对湿度又是多少?
>
> 解:$P = 0.799\text{kPa}$,从表中查出温度为 $20℃$ 时水的饱和气压 $P_{饱} = 2.34\text{kPa}$
>
> 根据 $B = \dfrac{P}{P_{饱}} \times 100\%$ 得这时空气的相对湿度
>
> $$B = \frac{P}{P_{饱}} \times 100\%$$
>
> $$= \frac{0.799\text{kPa}}{2.34\text{kPa}} \times 100\%$$
>
> $$= 34\%$$
>
> 若当时室温是 $7℃$,从表中查出温度为 $7℃$ 时水的饱和气压 $P'_{饱} = 1.00\text{kPa}$,同理
>
> $$B' = \frac{P}{P'_{饱}} \times 100\%$$
>
> $$= \frac{0.799\text{kPa}}{1.00\text{kPa}} \times 100\%$$
>
> $$= 79.9\%$$
>
> 答:当室温 $20℃$ 时,空气相对湿度为 34%;当室温为 $7℃$ 时,空气相对湿度为 79.9%.

从上面的例子可以看出,绝对湿度不变,但温度不同,相对湿度相差很大.相对湿度为 34% 时,人会感觉到比较干燥,相对湿度为 79.9% 时,人却会感觉到比较潮湿.

 笔记栏

（三）湿度的意义及调节办法

空气太潮湿,人会感到胸闷、窒息、尿液输出量增大,肾脏负担加重.这是因为湿度大,人体皮肤水分蒸发慢,热交换的调节作用受到阻碍的缘故.此外,湿度大,物品容易受潮霉变,设备易生锈等.空气太干燥,人体皮肤水分蒸发加快,失去水分太多,会造成口、鼻腔黏膜干燥,引起口渴、声哑、嘴唇干裂,对呼吸道疾病病人和烧伤病人等则尤其不利.人最适宜的相对湿度是60% ~70% .

为了得到适当的空气湿度,可以采用人为调节的办法.室内湿度过小,可在地面洒水、放水盆、用加湿器等,利用水蒸发增加空气中的水气.对呼吸道疾患、手术病人和外伤、烧伤病人则可在其嘴唇上和其他相应部位敷以浸湿的纱布来缓解干燥.湿度过大时,最简单的办法是打开门窗,加强通风.如果使用空气调节器,效果则更为理想.

（四）湿度计及湿度的测量

测定空气湿度的仪器叫做湿度计,常用的湿度计有露点湿度计、毛发湿度计、干湿泡湿度计.

我们以干湿泡湿度计为例,学习湿度的测量方法.如图3-3-2所示,干湿泡湿度计由两支相同的温度计组成.它的一支温度计整个裸露在空气中叫干泡温度计,另一支温度计的玻璃泡包着一层纱带,纱带的下端浸在水中,水沿纱带上升,使玻璃泡总是湿润的,叫湿泡温度计,它们合起来就组成了干湿泡湿度计.

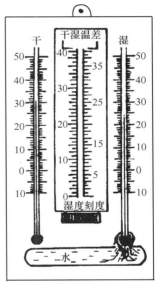

干湿泡湿度计

图3-3-2

干泡温度计显示的是当时当地空气的温度.而湿泡温度计却因水分的蒸发要吸热,它的温度比空气温度低,空气中水蒸气离饱和气愈远,蒸发愈快,其温度则愈低.所以,干、湿泡温度计总是存在着温差,而这种温差是由水分的蒸发造成,与空气中水蒸气离饱和状态远近有关,即与空气的相对湿度有关.

将不同温度时相对于不同的干湿泡温度差的相对湿度计算出来,绘制成表(表3-3-2),那么,根据干湿泡湿度计上两支温度计的读数,从表上很快就可查得空气的相对湿度.

例如,湿度计上干泡温度计的读数是25℃,湿泡温度计上的读数是20℃,温差为5℃,则在表中第一纵行找到20℃,在第一横行找到5℃,它们相交处的55,代表55%,就是此时干湿泡湿度计所在处的相对湿度值.把表附在湿度计后的转筒上,使用起来更方便.

表3-3-2　由干、湿泡温度计的示度求空气的相对湿度（%）

湿泡温度计所示温度（℃）	干、湿泡温度计的温度差									
	1	2	3	4	5	6	7	8	9	10
0	75	53	33 .	16	1					
1	76	55	37	20	6					
2	77	57	40	24	11					
3	78	59	43	28	15	3				
4	80	61	45	31	19	8				
5	81	63	48	34	22	12	2			
6	81	65	50	37	26	15	6			
7	82	66	52	40	29	19	10	2		
8	83	68	54	42	32	22	14	6		
9	84	69	58	45	34	25	17	10	3	
10	84	70	58	47	37	28	20	13	6	
11	85	72	60	49	39	31	23	16	10	
12	86	73	61	51	41	33	26	19	13	5
13	86	74	63	51	43	35	28	22	16	8

湿泡温度计所示温度(℃)	干、湿泡温度计的温度差									
	1	2	3	4	5	6	7	8	9	10
14	87	75	64	54	45	38	31	24	18	11
15	87	76	65	57	47	40	33	27	21	16
16	88	77	66	68	49	42	35	29	23	18
17	88	77	68	59	51	43	37	31	26	21
18	89	78	69	60	52	45	39	33	28	23
19	89	79	70	61	54	47	40	35	30	25
20	89	79	70	62	55	48	42	36	31	26
21	90	80	71	63	56	50	44	38	34	29
22	90	81	72	64	57	51	45	40	35	30
23	90	81	73	65	58	52	46	41	36	32
24	90	82	74	66	60	53	48	43	38	34
25	91	82	74	67	61	55	49	44	39	35
26	91	83	75	68	62	56	50	45	41	36
27	91	83	76	69	62	57	51	46	42	38
28	91	83	76	69	63	58	52	48	43	39
29	92	84	77	70	64	58	53	49	44	40
30	92	84	77	71	65	59	54	50	45	41
31	92	85	78	71	65	60	55	51	46	42
32	92	85	78	72	66	61	56	51	47	43
33	92	85	79	73	67	62	57	52	48	44
34	93	86	79	73	68	62	58	53	49	45
35	93	86	79	74	68	63	58	54	50	46
36	93	86	80	74	69	64	59	55	51	47
37	93	86	80	75	69	64	60	56	52	48
38	93	87	81	75	70	65	60	56	52	49
39	93	87	81	76	70	65	61	57	53	49
40	93	88	81	76	71	66	62	58	54	50

这节课我们学习了饱和气和饱和气压、空气的绝对湿度和相对湿度,以及湿度计的组成和使用方法.了解了人最适宜的空气湿度和空气湿度的人为调节办法.

小结

目标检测

1. 饱和气压与液体的_____有关;空气中水蒸气越接近饱和,相对湿度越_____.

2. 用干湿泡湿度计测量相对湿度时,干湿泡温度计的温度差越大,表明相对湿度越_____.

3. 人最适宜的相对湿度是在_____.

4. 下列说法错误的是　　　　　　　　　　　　　　　　　　　　　(　　)

　A. 空气中水蒸气越接近饱和,相对湿度越大

　B. 用干湿泡湿度计测量空气的相对湿度时,干泡温度计显示的是当时当地空气的温度

　C. 某一温度时,空气中所含水蒸气的压力叫做这一温度下的绝对湿度

　D. 对同种液体,温度不同时,饱和气压随温度的升高而增大

5. 在某一温度下,空气的绝对湿度是 $P=0.468kPa$,水的饱和气压 2.34kPa,则空气的相对湿度是　(　　)

　A. 0.2　　　　　B. 2%　　　　　C. 20%　　　　　D. 4.0

笔记栏

(肖光华　余自立)

第 ④ 章 电 与 磁

学习目标

1. 掌握库仑定律和闭合电路欧姆定律,交流电的周期、频率和安全用电知识
2. 熟悉电场、电场强度、电势能、电势、磁场、磁感强度、磁通量的含义
3. 了解交流电的产生、有效值,生物电现象、电泳、电渗、磁的电本质、电疗、磁疗、电磁感应现象、法拉第电磁感应定律以及紫外线、红外线和微波在医疗工作中的应用
4. 学会正确使用万用电表测量电阻及交、直流电流、电压,安装紫外线(日光)灯
5. 学习形象思维能力、分析判断能力

电和磁是物质的基本特性之一,电磁运动是一种普遍存在的物质运动形式.医学与电和磁息息相关,生物电现象贯穿于整个生命过程,要深入地了解生命现象,在预防、诊治过程中有效地使用现代医疗仪器与设备,必须掌握一定的电和磁的知识.

第 ① 节 静 电 场

一、库 仑 定 律

(一) 基本概念

1. 电荷 自然界中存在两种电荷:正电荷和负电荷.电荷之间有相互作用,同种电荷互相排斥,异种电荷互相吸引.图4-1-1是人体带电后头发竖起散开的情况.

2. 电量 物体所带电荷的多少叫做电量.常用符号 Q 或 q 表示,单位是库仑(C).

3. 基本电量 质子和电子所带的电量除有正负之分外,其量值都是 1.6×10^{-19} C,是电量的最小单位,叫做基本电荷.

4. 静电力 电荷间的相互作用力,叫做静电力.

5. 点电荷 当带电体间的距离比它们的大小大得多时,带电体的形状和电荷在其中的分布对相互作用力的影响可以忽略不计,就跟电荷全部集中在一点一样,此时就可以把带电体看成是点电荷.点电荷是一个理想化的模型.

人体带电后头发竖起散开
图 4-1-1

(二) 库仑定律

库仑定律于1785年由法国物理学家库仑在大量实验观察基础上研究得出.

在真空中两个点电荷的作用力,跟它们的电量的乘积成正比,跟它们间的距离的平方成反比,作用力的方向在它们的连线上.表示公式:

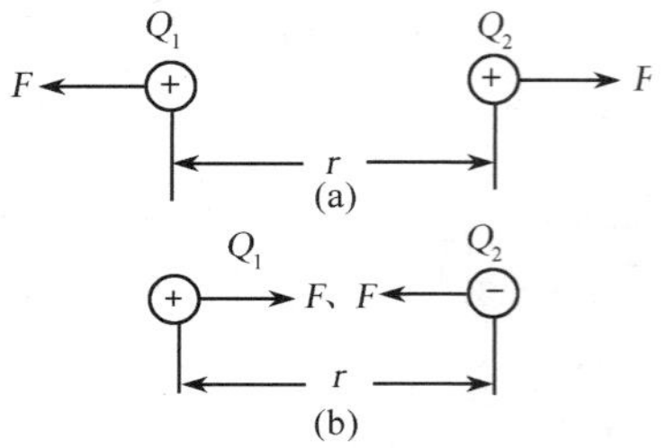

Q_1　　　　Q_2

$F \leftarrow (+)$　　　$(+) \rightarrow F$

$\overset{\longleftarrow r \longrightarrow}{}$

(a)

Q_1　　　　Q_2

$(+) \rightarrow F、F$　　　$(-) \leftarrow$

$\overset{\longleftarrow r \longrightarrow}{}$

(b)

图 4-1-2

$$F = K\frac{Q_1 Q_2}{r^2} \tag{4-1-1}$$

静电力恒量 $K = 9 \times 10^9$ 牛·米²/库²（N·m²/C²），计算时 $Q_1 Q_2$ 取绝对值. 作用力的方向在两点电荷的连线上，同种电荷为斥力，异种电荷为引力（图 4-1-2）.

例 4-1-1　两个电量分别为 2×10^{-8}C 和 -1×10^{-8}C 的点电荷，在真空中相距 0.30m，求每个电荷受到的静电力.

解：$Q_1 = 2 \times 10^{-8}$C，$Q_2 = -1 \times 10^{-8}$C

$K = 9 \times 10^9$N·m²/C²，$r = 0.30$m

根据 $F = K\dfrac{Q_1 Q_2}{r^2}$ 得每个电荷受到的静电力大小为

$$F = K\frac{|Q_1||Q_2|}{r^2}$$

$$= 9 \times 10^9 \text{N·m}^2/\text{C}^2 \times \frac{2 \times 10^{-8}\text{C} \times 1 \times 10^{-8}\text{C}}{(0.30\text{m})^2}$$

$$= 2 \times 10^{-5}\text{N}$$

因为两个电荷是异种电荷，故它们间的相互作用力是吸引力.

答：每个电荷都受到对方 2×10^{-5}N 的吸引力.

二、电场　电场强度

（一）基本概念

1. 电场　电荷周围空间的特殊物质. 电场的基本特性：一是对放入其中的电荷有力的作用；二是电荷在电场中移动时，电场力要对电荷做功.

2. 静电场　静止电荷产生的电场.

3. 场源电荷　产生电场的电荷.

4. 静电力　电荷间的相互作用力.

（二）电场强度（场强）

1. 场强的定义　放入电场中某一点的电荷受到的电场力跟它的电量的比值，叫做这一点的电场强度（图 4-1-3）. 定义式：

$$E = \frac{F}{q} \quad 或（F = qE） \tag{4-1-2}$$

场强是描述电场强弱反映电场力的性质的物理量. 用式 4-1-2 计算 E 时，q 取绝对值. 场强是矢量，场强的方向规定为正电荷在该点的受力方向.

如图 4-1-4 所示，当电荷为正时，P 点的场强 E 的方向沿 QP 连线远离 $+Q$；当电荷为负时，P 点的场强 E 的方向沿 QP 连线指向 $-Q$.

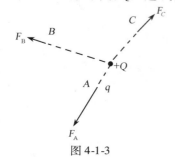

笔记栏

图 4-1-3 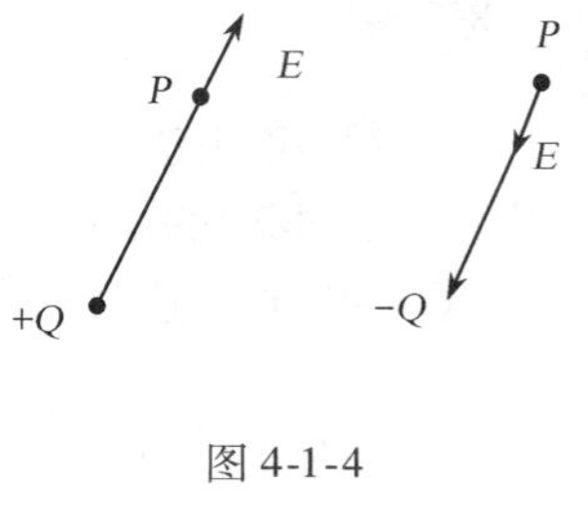　　　　　　　　　　　　　　　　图 4-1-4

2. 点电荷的场强 表示公式:

$$E = K \frac{Q}{r^2} \tag{4-1-3}$$

用式 4-1-3 计算 E 时 Q 取绝对值.

$+Q$ 产生的电场中,各点的场强方向都是以 $+Q$ 为球心沿着球半径远离球心;$-Q$ 产生的电场中,各点的场强方向都是以 $-Q$ 为球心,沿着球半径指向球心(图 4-1-5).

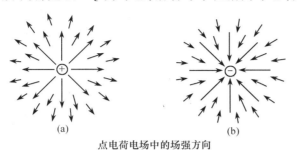

(a)　　　　　　(b)

点电荷电场中的场强方向

图 4-1-5

例 4-1-2 真空中有一点电荷 $Q = 1 \times 10^{-9}$C,求距它 $r = 1 \times 10^{-2}$m 处 A 点的场强.

解:$Q = 1 \times 10^{-9}$C,$r = 1 \times 10^{-2}$m,$K = 9 \times 10^9$N·m^2/C^2

根据 $E = K \dfrac{Q}{r^2}$ 得 A 点处的场强大小为

$$E_A = K \frac{Q}{r^2}$$

$$= 9 \times 10^9 \text{N·m}^2/\text{C}^2 \times \frac{1 \times 10^{-9}\text{C}}{(1 \times 10^{-2}\text{m})^2}$$

$$= 9 \times 10^4 \text{N/C}$$

答:A 点处的场强大小为 9×10^4N/C,方向沿场源电荷和 A 点的连线,远离场源电荷.

---

3. 匀强电场 在电场的某一区域里,如果各点场强的大小和方向都相同,这一区域的电场就叫做匀强电场.

两块靠得很近的大小相等互相正对并且互相平行的金属板,分别带上等量的异种电荷,它们间的电场(除边缘附近外),就是匀强电场.

(三) 电场线

为了形象地描绘电场的分布,英国的物理学家法拉第成功地用电场线来直观地描述场强的大小和方向.电场线是电场中假想的一系列有方向的线,线上任何一点的切线方向都与该点的场强方向一致(图 4-1-6).

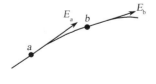

图 4-1-6

从图 4-1-7 中各带电体的电场线可以归纳出电场线的特点:

(1) 起于正电荷,止于负电荷.

(2) 任何两条电场线不相交.

(3) 场强强的地方,电场线密集,场强弱的地方,电场线稀疏.

匀强电场的电场线,是一些在空间分布均匀,互相平行的直线.

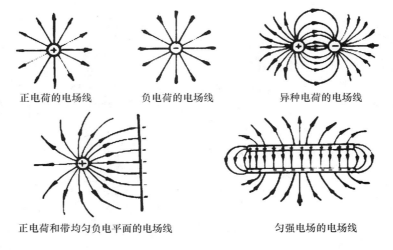

正电荷的电场线　　　负电荷的电场线　　　异种电荷的电场线

正电荷和带均匀负电平面的电场线　　　　　匀强电场的电场线

图 4-1-7

三、电势能及电势

(一) 电场力做功

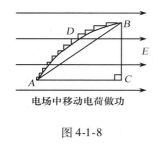

电场中移动电荷做功

图 4-1-8

电场的另一特性是电荷在电场中移动时,电场力就要对电荷做功.沿任意曲线 ADB 把电荷 q 从 A 点移到 B 点,可用许多跟电场线垂直和平行的短折线代替曲线 ADB(图 4-1-8),凡是沿电场线垂直的短折线移动电荷时,电场力都不做功,凡是沿电场线方向的短折线移动电荷时,电场力都做功,因此,电场力做功的总和都是 $A_{AB} = q \cdot E \cdot AC$. 因此,电场力移动电荷所做的功,只跟电荷在电场中的始末位置有关,而跟电荷经过的路径无关.

(二) 电势能

电荷在电场中所具有的势能,叫做电势能,用 ε 表示.当电场力对电荷做正功时,电荷的电势能减少;当电场力对电荷做负功时,电荷的电势能增加.电荷电势能的变化量总等于电场力对电荷所做的功.如果把电荷从电场中的 a 点移到 b 点,电场力做的功应为

$$A_{ab} = \varepsilon_a - \varepsilon_b \tag{4-1-4}$$

电势能与重力势能一样是标量,也是个相对的量,其量值与零电势能点的选择有关,通常选取离场源电荷无限远处的电势能为零.电荷在电场中某一位置的电势能,等于把电荷从这点移到电势能为零处电场力所做的功.即

$$\varepsilon_a = A_{a\infty} \tag{4-1-5}$$

电势能的增减只与电荷的起止位置有关,而与它所经过的实际路径无关.

(三) 电势(电位)

放在电场中某点的电荷具有的电势能跟它的电量的比值,叫做这一点的电势,又称电位.用 U 表示,即

$$U = \frac{\varepsilon}{q} \tag{4-1-6}$$

笔记栏

在国际单位制中,电势的单位为伏特(V).$1V = 1J/C$. 在电场中,当 1C 的电荷在某点的电

势能为1J时,这点的电势就是1V.

电势和电势能一样是标量,也是一个相对量,必须选定零电势位置以后,才能确定各点的电势.电场中电势零点的选择可以是任意的,通常把地球或金属仪器机壳的电势选择为零,电场中任何接地点的电势都等于零.

电场中各点电势是沿着电场线方向逐点降低的.

(四) 电势差

电场中两点间电势的差值叫做电势差(或电位差),又叫做电压.即

$$U_{ab} = U_a - U_b \qquad (4-1-7)$$

电势差的单位和电势的单位相同,也是伏特.

在电场中把电量为 q 的电荷从 a 点移到 b 点的过程中,电场力做的功等于电荷电势能的改变.即

$$A_{ab} = \varepsilon_a - \varepsilon_b = q\,U_a - q\,U_b = q(U_a - U_b)$$
$$A_{ab} = q\,U_{ab} \qquad (4-1-8)$$

电场中各点电势的值可因零电势的选择不同而有所不同,但对电场中确定的两点来说,电势差的值是不变的,不因零电势的选择不同而发生改变,在这两点间移动单位电荷,电场力所做的功也是确定不变的.

> **例4-1-3** 在电场中有 a、b 两点,U_a 为50V,U_b 为 -50V,试问:
>
> (1) a、b 两点哪点电势高,两点间的电势差为多少?
>
> (2) 把一个电量为 2.0×10^{-8}C的正电荷由 a 点移到 b 点的过程中,是电场力做功呢?还是外力克服电场力做功?做了多少功?
>
> 解:$U_a = 50$V,$U_b = -50$V,$q = 2.0 \times 10^{-8}$C
>
> (1) a 点电势为正,b 点电势为负,所以 a 点电势高于 b 点电势,即 $U_a > U_b$.
>
> 它们的电势差为
>
> $U_{ab} = U_a - U_b$
>
> $\quad = 50$V$ - (-50V)$
>
> $\quad = 100$V
>
> (2) 把一个电量为 2.0×10^{-8}C的正电荷由 a 点移到 b 点的过程中,是电场力做功.根据 $A_{ab} = qU_{ab}$ 可得所做的功为
>
> $A_{ab} = qU_{ab}$
>
> $\quad = 2.0 \times 10^{-8}C \times 100$V
>
> $\quad = 2.0 \times 10^{-6}$J
>
> 答:(1) a 点电势高于 b 点电势,电势差是100V.
>
> (2) 电场力做功为 2.0×10^{-8}J.

(五) 电势差与电场强度的关系

电场力所做的功:$W_{ab} = Fd = qEd$,而 $W_{ab} = qU_{ab}$,即

$$U_{ab} = Ed \qquad (4-1-9)$$

式中,d 是沿电场方向 a、b 两点间的距离.

四、静 电

(一) 静电现象

静电是一种常见的现象.在天气干燥时用塑料梳子梳头,梳子会吸引头发,有时会听到响声;脱下尼龙衣服,有时会听到响声,在黑暗中还能看到火花.

静电是由摩擦产生的,当电荷积累相当多,带电物体之间的电势差达到一定程度时,带电体之间会产生火花放电,我们就会看到火花,听到声响.

(二) 静电的应用

目前静电的利用已很广泛,如静电喷涂、静电植绒、静电除尘、静电复印等.设法使油漆微粒带电,油漆微粒在电场力的作用下向着作为电极的工件运动,并沉积在工件的表面,完成喷漆工作,这就是静电喷涂.使绒毛带电,可以使绒毛植在涂有黏合剂的纺织物上,形成像刺绣似的纺织品,这就是静电植绒.对于静电除尘、静电复印比较复杂,可在专业书籍中查阅.图4-1-9、图4-1-10是静电除尘器和静电复印机.

静电除尘器

图 4-1-9

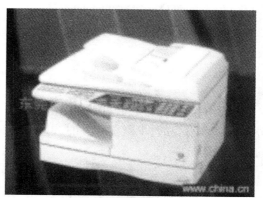
静电复印机

图 4-1-10

(三) 静电的危害及防止

静电会给人们带来麻烦,甚至造成危害.在印刷厂里,纸张之间摩擦带电,会使纸张吸在一块难以分开,给印刷带来麻烦;在印染厂里,棉纱、毛线、人造纤维上的静电会吸引空气中的尘埃,使印染质量下降.

静电对现代高精密、高灵敏度电子设备颇有影响.带静电很多的人,会妨碍电子计算机的正常运行,会因火花放电击穿电子仪器的某些部件.

静电的最大危害:放电火花会点燃某些易燃物质引起爆炸.专门用来装汽油、柴油等液体燃料的卡车,在灌油和运输过程中燃料与油灌摩擦、撞击产生静电,如果没有及时引走,一旦电荷积累多了,达到相当高的电压(可达上千伏)就会产生火花放电而引起爆炸.

防止静电危害的基本方法:尽快把静电引走,避免越积越多.油灌车的尾部装上一条拖地铁链,靠它把静电导入大地;飞机的机轮上通常装有搭地线,也有用导电橡胶做机轮轮胎的,着陆时把机身的静电引入大地;在地毯中夹杂$0.005 \sim 0.007\text{m}$的不锈钢丝导电纤维,对消除静电能起到很好效果.湿度增大时电荷随时放电,可以避免静电积累,因此,工厂里保持一定的湿度,可以消除静电危害.

这节课主要学习了库仑定律、电场强度和电势.电荷之间的相互作用力遵循库仑定律,真空中点电荷的库仑定律表达式为$F = K|Q_1 Q_2|/r^2$.任何带电体都要在其周围激发电场,电场是一种物质,通常用电场强度和电势来描述.电场强度是反映电场的力的性质的物理量,电势是反映电场的能的性质的物理量.

小 结

笔记栏

目 标 检 测

1. 质子和电子所带的电量为_____库仑.

2. 电场是存在于_____周围空间的一种特殊_____,场强的方向,规定为_____在该点的受力方向.电场的基本特性是_____.

3. 真空中有一电量为2×10^{-1}C的点电荷A,离点电荷0.01m处的场强的大小是_____N/C;若在该处放一电量为2×10^{-10}C的检验电荷B,则检验电荷受到的电场力的大小为_____N.

4. 下列说法正确的是 （ ）

   A. 电场线起于负电荷,止于正电荷

   B. 电势是反映电场的力的性质的物理量

   C. 对电场中确定的两点来说,电势差的值因零电势的选择不同而发生改变

   D. 电场中各点电势是沿着电场线方向逐点降低的

5. 两个点电量分别为Q_1和Q_2,若在真空中的距离r减少为原来的1/2,则Q_1和Q_2间的静电力的大小为原来的多少倍 （ ）

   A. 0.5 倍　　　　B. 1 倍　　　　C. 2 倍　　　　D. 4 倍

第2节　直　流　电

一、直　流　电　路

电路一般由电源、用电器、电键和连接电路的导线所组成.电路的主要作用是进行能量的传输和转化.

（一）电流强度

电荷的定向移动形成电流.电路中的电流方向不随时间变化的电流叫做直流电.电流的方向和强弱都不随时间变化的电流叫做稳恒电流.通常所说的直流电,是指稳恒电流.物理学中用电流强度来描述电流的强弱.

单位时间内通过导体任一横载面的电量,叫做电流强度,简称电流,用I表示.表示公式:

$$I = \frac{q}{t} \tag{4-2-1}$$

在国际单位制中,电流强度的单位是安培（A）,1安培=1库仑/秒.常用的电流单位还有毫安（mA）、微安（μA）,它们间的换算关系是：$1A = 10^3 mA = 10^6 \mu A$.

规定正电荷定向移动的方向为电流方向.

（二）电源电动势

能使电路两端保持电压,并向电路供给电能的装置叫做电源.例如,干电池、畜电池和发电机等都是电源（图4-2-1）.电源有两个极,电势高的叫做正极,电势低的叫做负极.不同的电源,两极间电压（电势差）的大小不同.常用的干电池两极间的电压为1.5V;铅蓄电池两极间的电压为2V.电源两极间电压的大小是由电源本身的性质决定的,物理学中用电动势这个物理量来表示电源的这种特性.

图 4-2-1

电源的电动势在数值上等于电源没有接入电路时两极间的电压,用 ε 表示,单位为伏特（V）. 电源电动势的大小表示了电源把其他形式的能转化为电能本领的大小.

(三) 内电压和端电压

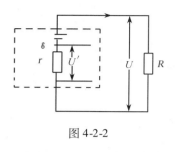

图 4-2-2

电源的两端接入电阻或用电器等,就构成了一个闭合电路,电路中就有电流通过. 闭合电路(图4-2-2)是由两部分组成的:一部分是电源以外的导体构成的电路,叫做外电路;另一部分是电源内部的电路,叫做内电路. 内外电路上均有电阻,分别叫做内阻和外阻,内电路两端的电压叫做内电压(用 U' 表示),外电路两端的电压叫做端电压(用 U 表示),也叫外电压. 在闭合电路里,内电压和端电压之和等于电源的电动势. 即

$$U + U' = \varepsilon \tag{4-2-2}$$

二、闭合电路的欧姆定律

在闭合电路中,内外电路的电阻分别用 r 和 R 表示,通过电路的电流强度用 I 表示,根据部分电路欧姆定律,端电压 $U = IR$;内电压 $U' = Ir$,代入式4-2-2 得 $\varepsilon = IR + Ir$ 整理后得到电路里的电流强度:

$$I = \frac{\varepsilon}{R + r} \tag{4-2-3}$$

式4-2-3 表明,闭合电路里的电流强度,跟电源电动势成正比,跟整个电路里的总电阻成反比,这就是闭合电路的欧姆定律.

两种特殊情况:

1. 断路　当外电路断开时,R 变成无限大,$I = 0$,$Ir = 0$,端电压 $U = \varepsilon$,此式说明当外电路断开时,端电压的数值达到最大值,等于电源的电动势.

2. 短路　当外电路短路时,R 趋近于零,此时电路中的电流达到最大值,趋近于 ε/r,一般电源的内电阻 r 都很小(如铅蓄电池的内电阻只有 $0.005 \sim 0.1\Omega$),短路电流相当大,以致会对电路造成危害,所以应防止短路的发生. 电路中串接规格适合的保险丝就是措施之一.

例 4-2-1　如图 4-2-3 所示的电路中,当单刀双掷开关 K 掷到位置 1 时,外电路的电阻为 14.0Ω,测得电流强度 I_1 为 $0.20A$,当 K 扳到位置 2 时,外电路的电阻为 9.0Ω,测得电流强度 I_2 为 $0.30A$. 求电源的电动势和内电阻.

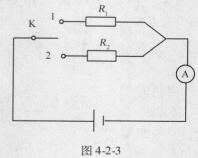

图 4-2-3

解:$R_1 = 14.0\Omega$,$R_2 = 9.0\Omega$,$I_1 = 0.20A$,$I_2 = 0.30A$

根据闭合电路欧姆定律,可列出下面联立方程:

$$\varepsilon = I_1 R_1 + I_1 r \qquad ①$$

$$\varepsilon = I_2 R_2 + I_2 r \qquad ②$$

解①、②得

$$r = \frac{I_2 R_2 - I_1 R_1}{I_1 - I_2}$$

$$= \frac{0.30 \times 9.0 - 0.20 \times 14.0}{0.20 - 0.30}\Omega$$

$$= 1.0\Omega$$

将 r 的值代入①式中得

$$\mathcal{E} = I_1 R_1 + I_1 r = (0.2 \times 14.0 + 0.2 \times 1.0)V$$

$$= 3V$$

答:电源的电动势为3V,内电阻为1.0Ω.

三、人体的电现象与医学

(一) 人体的电现象

生物机体具有的电现象叫做生物电现象.机体在静息状态和进行活动时,都显示了与生命状态密切有关的具有规律的电现象.机体发生改变时,就会发生相应的电变化.人体是一个导体,由碳、氢、氧、氮、硫、钠、磷、氯、钾、铁、镁、钙等12种基本元素和其他一些微量元素组成.人体组织中的水分约人体重的60%.除了水,还有盐类及蛋白质分子等以离子状态存在体内.由于人体体液内电解质中正、负离子迁移率的不同,细胞膜对不同离子通透性的不同,以及其他种种原因,都有可能引起离子分布不均匀,也就是正、负电荷分布不均匀,于是在细胞膜内外会出现电场而产生电势差,这种电势差叫做跨膜电势差或膜电势差.在人体组织活动过程中,像神经传导、肌肉兴奋、心脏跳动、大脑活动以及腺体分泌等生理过程中,这种电势差会随时间作有规律的变化.

(二) 心电图和脑电图

研究人体中的电现象,将人体中的生物电变化描记下来.可作为各组织活动的生理或病理状态的重要指标,是临床上对疾病进行诊断的可靠依据.

当神经冲动到达肌肉细胞,会引起肌肉细胞的动作电位,这一动作电位随着肌肉纤维传播,在每次心跳之前,有一个较大的动作电位经过心脏而传播.这一电位在周围组织中发生电流,其中部分到达皮肤,可以为置于胸前的电极所检测,从电极拾取的信号经放大后并记录在移动的记录纸上(图4-2-4).记录的结果叫做心电图,心电图对诊断心脏疾患具有重大的价值.

人脑活动时会产生变化的电势差,这就是脑电波.记录脑电波变化的结果,叫做脑电图(图4-2-5).脑电图对颅内肿瘤及其他损害部位的定位和某些癫痫的鉴别诊断都有意义.

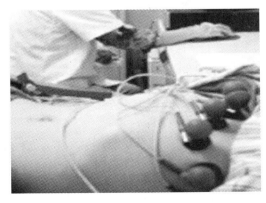

图 4-2-4　　　　　图 4-2-5

（三）电泳和电渗

悬浮或溶解在电介质溶液中的带电微粒,在外加电场作用下定向迁移的现象,叫做电泳.由于各种带电粒子(电量、相对分子质量、体积的不同)在电场力作用下迁移速度的不同,因此可以利用电泳技术将各种不同的带电微粒分开.人体内的组织液中除了含有大量的离子外,还有许多带电和不带电的胶体粒子.因此,电泳技术是临床诊断和治疗的常用手段,在生化研究、制药等方面也得到广泛应用.如在进行肝脏疾病诊断时,常做蛋白电泳检查,就是用电泳方法测定血清蛋白中各种蛋白质(血清蛋白、球蛋白等)的百分率.精细的电泳技术可把人体血清中的几十种蛋白质分开.

在直流电场作用下,液体(水)通过毛细管或多孔吸附剂等物质(如火棉胶膜、组织膜、羊皮纸等)的现象,叫做电渗.人体内的胶体粒子在发生电泳现象的同时还会伴有电渗现象产生.如在直流电场下,人体组织中的水(带正电)要通过膜孔向阴极迁移,使阳极下组织中的水分减少,细胞膜变得致密,通透性降低;阴极下组织中的水分增多,细胞膜变得疏松,通透性增高.所以,利用电渗技术可以改变人体细胞膜的通透性.

心电图仪是荷兰科学家威廉·埃因托芬(1860—1927)发明的.它的发明者和他为何要做出这样的发明,却鲜为人知.

埃因托芬出生在印度尼西亚爪哇岛,他小时候是由一个称为洪妈的中国阿妈带大的.4岁起洪妈就带他到上海侨居了6年,并在上海法国公学上小学.在埃因托芬17岁那年洪妈不幸因心脏病病死于他爪哇岛的田庄里,他悲痛不已.因对这位慈祥、勤劳、仁爱的中国洪妈的深深敬意,为此他立志学医并终身从事对夺去洪妈的疾病——心脏病的研究.

终于他在1903年完成了用于记录心脏跳动时心电变化状况的心电图仪,使之成为临床上有实用价值的诊断心脏病的有力工具.他因发明心电图仪在1924年被授予诺贝尔医学和生理学奖.

（四）直流电疗

利用直流电来达到治疗疾病的目的,叫做直流电疗.在直流电作用下,人体组织内的离子将分别向异性电极移动.由于细胞膜对离子移动的阻力比组织液大得多,直流电将引起异性离子分别在细胞膜两侧堆积(电极化),从而改变了离子的浓度分布.在直流电作用下各种离子迁移率不同也使原来的离子浓度分布发生变化.促使离子浓度变化是直流电疗的生理学基础.

由于直流电对人体有电泳、电渗、极化以及其它化学、生理等作用(改变体内的pH,影响蛋白质胶体的通透性),在临床上可直接用直流电治疗疾病,起到镇静、兴奋、调节自主神经、消炎、升高或降低血压等作用.

利用直流电把药物离子经过皮肤直接导入体内的方法,叫做直流离子透入疗法.例如,在阳极把带正电的链霉素离子等直接透入体内;在阴极把带负电的碘离子、青霉素离子等直接透入体内.直流离子透入疗法适于较浅组织的治疗.直流离子透入疗法既有直流电疗的作用,又有药物的作用,其疗效要比单纯的直流电疗好.至今已有100多种药物可用于直流离子导入法,给病人进行治疗.最常见的青霉素过敏反应试验也是直流离子导入法应用.

这节课主要学习了电源电动势、闭合电路欧姆定律.知道电源的电动势在数值上等于电源没有接入电路时两极间的电压.闭合电路里的电流强度,跟电源电动势成正比,跟整个电路里的总电阻成反比.当外电路短路时,电路中的电流相当大以致会对电路造成危害,电路中串接规格适合的保险丝就是防范措施之一.

小　结

1. 电源的电动势在数值上等于电源没有接入电路时两极间的_____,电源电动势的大小表征了电源把其他形式的能转化为_____的本领.

2. 闭合电路里的电流强度,跟电源的电动势成_____比,跟整个电路里的电阻成_____比,这就是闭合电路的欧姆定律.

3. 发生_____路时,电路中的电流达到最大值,以致会对电路造成危害;电路中串接规格适合的_____就是防止的措施之一.

4. 当外电路的电阻为14.0Ω,测得电流强度 I_1 为0.20A,当外电路的电阻为9.0Ω,测得电流强度 I_2 为0.30A.则电源的电动势和内电阻分别为　　　　　　　　　　　　　　　　　　　　　（　　）

   A. 3.2V,2Ω　　　　B. 2.8V,2Ω　　　　C. 2.8V,1Ω　　　　D. 3.0V,1Ω

5. 下列说法错误的是　　　　　　　　　　　　　　　　　　　　　　　　　　　（　　）

   A. 悬浮或溶解在电介质溶液中的带电微粒,在外加电场作用下定向迁移的现象,叫做电泳

   B. 在直流电场作用下,液体通过毛细管或多孔吸附剂等物质的现象,叫做电渗

   C. 利用直流电把药物离子经过皮肤直接导入体内的方法,叫做直流电疗

   D. 记录脑电波变化的结果,叫做脑电图

第 3 节　磁　　场

一、磁　　场

　　磁铁与磁铁之间,电流与磁铁之间,电流与电流之间都存在着相互作用.放在磁铁或通有电流的导线周围的磁针,会发生偏转,必然是受到力作用的结果.在静电场一节中,我们曾学到过电荷之间的相互作用是通过场进行的,这种场叫做电场;同样,磁铁与磁铁之间,电流与磁铁之间,电流与电流之间的相互作用也是通过场来进行的,这种场叫做磁场.因此,存在于磁体或电流周围空间的一种特殊物质叫做磁场.将小磁针放入磁场中任一点,小磁针因受力的作用而指向一定的方向.在磁场中不同的位置,其指向一般不相同(图4-3-1),这说明磁场是有方向的.物理学中规定小磁针 N 极在磁场中某点所指的方向就是该点的磁场方向.

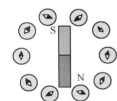

放在磁场中的小磁针
图 4-3-1

（一）磁感线

　　为了直观地表示磁场的方向和强弱,英国物理学家法拉第于1852年首先引进磁感线的概念(磁感线是人为画的一组线).磁感线是在磁场中画出一系列有方向的曲线,曲线上每一点的切线方向都跟该点的磁场方向一致(图4-3-2).

图 4-3-2

　　1. 磁体磁场的磁感线　条形磁铁和蹄形磁铁周围空间磁场的磁感线分布情况见图4-3-3.磁体外部的磁感线都是从 N 极出来,进入 S 极;在磁体内部,磁感线是从 S 极到 N 极的.磁感线是封闭的曲线.

(a)　　　　　　　　　　(b)
磁体的磁感线
图 4-3-3

2. 电流磁场的磁感线　电流周围磁场的方向和电流的方向有关,可用安培定则(右手螺旋定则)来判定:右手握住导线,让伸直的大拇指指向电流方向,则弯曲四指环绕导线的方向就是磁场的方向[图4-3-4(a)、(b)].

此定则也给出了通过环形导线的电流所产生的磁场方向.让右手弯曲的四指跟环形电流方向一致,则伸直的大拇指的方向就是环形电流中间或螺线管内部磁场的方向[图4-3-4(c)],电流周围磁场的磁感线是一系列无头无尾的闭合曲线.

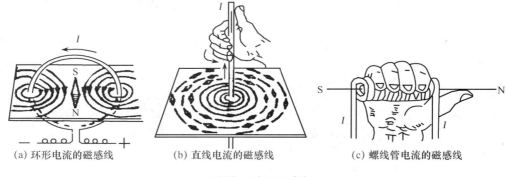

(a) 环形电流的磁感线　　(b) 直线电流的磁感线　　(c) 螺线管电流的磁感线

电流周围磁场的磁感线

图 4-3-4

(二) 磁现象的电本质

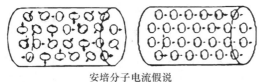

安培分子电流假说

图 4-3-5

电流的磁性和磁体的磁性并无本质的差别.在原子、分子等物质微粒内部存在着一种环形电流——分子电流.分子电流使每个物质微粒都成为一个微小的磁体.通常物体中这些分子电流的排列是杂乱无章的,整个物体不显磁性,当物质中的分子电流在一定程度上排列整齐时,就显示出宏观的磁性(图4-3-5).所以,磁现象的电本质,即磁体的磁场和电流的磁场都是由电荷的运动产生的.

(三) 磁感强度

磁场的基本特性之一,是对放入其中的磁极或电流有力的作用.

我们用图4-3-6所示的实验装置来研究电流在磁场中受力的大小.实验表明:垂直于磁场的一段通电导线,在磁场中某处受到的磁场力的大小 F 跟电流强度 I 和导线的长度 L 乘积成正比.也就是说,这段导线所受的磁场力跟电流强度和导线长度的乘积的比值 F/IL,反映了该处磁场的强弱和磁场本身时一种属性.

在磁场中某处,垂直于磁场方向的通电导线,受到的磁场力 F 跟电流强度 I 和导线长度 L 的乘积 IL 的比值,叫做磁场中该处的磁感强度,用 B 表示.则

磁场对电流的作用

图 4-3-6

$$B = \frac{F}{IL} \qquad (4\text{-}3\text{-}1)$$

在国际单位制中,B 的单位是特斯拉,简称特(T).$1T = 1N/(A \cdot m)$.

在磁场中某处,垂直于磁场方向、长度为1m、通过1A电流的导线,在该处所受到的磁场力为1N时,该处的磁感强度就是1T.

磁感强度是表示磁场强弱的物理量,地面附近地磁场的磁感强度约是 $5 \times 10^{-5}T$;磁疗用的

磁片的磁场,磁感强度约为0.15~0.18T;人脑的磁场,其磁感强度约为$10^{-12}\sim10^{-18}$T,可见人脑的磁场是很微弱的.

磁感强度**B**是矢量.磁场中某点的磁感强度的方向就是该点的磁场方向.物理学中做了这样的规定:在垂直于磁场方向的单位面积上,磁感线的条数跟那里的磁感强度的数值相等.这样,不仅从磁感线的分布可以形象地了解磁场中各处磁感强度的方向,也可以从磁感线的疏密来比较磁场中各处磁感强度的大小.

在磁场中如果各点的磁感强度的大小相等且方向都相同,这部分磁场就叫做匀强磁场.匀强磁场中的磁感线是一些均匀分布、互相平行的直线.在蹄形磁铁的两磁极间的局部区域中,可看做是匀强磁场.

磁场对电流的作用力又称安培力,从(4-3-1)式可以推得垂直于磁场方向的通电直导线所受安培力的大小为

$$F = ILB \tag{4-3-2}$$

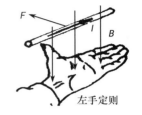

图4-3-7

即安培力等于导线的电流强度I,直导线在磁场中的长度L和磁感强度B三者的乘积.如果改变电流方向或磁场方向,通电导线的受力方向会发生改变.B、I、F三者方向之间的关系可用左手定则判定:伸开左手,使大拇指跟其他四指垂直,并且都跟手掌在一个平面内,让磁感线垂直穿过掌心,并使四指指向电流方向,大拇指所指的方向就是通电导线在磁场中所受安培力的方向(图4-3-7).

实验和理论研究表明:如果电流方向不跟磁场方向垂直,则安培力将变小,当电流方向跟磁场方向平行时,安培力等于零.

(四) 磁通量

我们已经知道磁感强度是表示磁场强弱的物理量,并可以用磁感线在磁场中分布的疏密程度来表示磁感强度的大小.所以,在物理学中引入了一个叫做磁通量的物理量.

垂直穿过磁场中某一个面的磁感线的条数,叫做穿过这个面的磁通量,简称磁通,用Φ表示.由于垂直于磁场方向的单位面积上的磁感线条数和该处的磁感强度大小相等.如果某个面的面积为S,垂直穿过这个面的磁通量为Φ,则磁感强度$B = \Phi/S$.于是,磁通量可写成

$$\Phi = B \cdot S \tag{4-3-3}$$

在国际单位制中,磁通量的单位是韦伯(Wb).同一平面,当它跟磁场方向垂直时,磁通最大;当平面跟磁场方向平行时,磁通为零(图4-3-8).

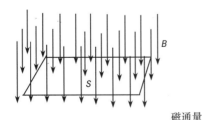

磁通量

图4-3-8

二、电磁感应

(一) 电磁感应现象

1820年,丹麦物理学家奥斯特发现电流产生磁场的现象以后,科学家们就进一步研究能否

利用磁场来产生电流.1831年,英国物理学家法拉第发现:当磁铁和闭合线圈作相对运动时,闭合线圈中就会产生电流(图4-3-9).上述实验事实可以概括为只要穿过闭合电路的磁通量发生变化,闭合电路中就会产生感应电流,这种现象叫做电磁感应现象.

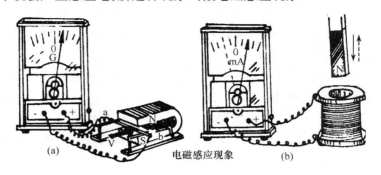

电磁感应现象

图4-3-9

(二) 楞次定律

闭合电路的一部分导体做切割磁感线运动时,导体中产生的感应电流的方向可以用右手定则来判定:伸开右手,使大拇指跟其余四指垂直,并且都跟手掌在一个平面内,让磁感线垂直穿入掌心,大拇指指向导体运动方向,这时其余四指所指的方向就是导体中产生的感应电流的方向(图4-3-10).

当穿过闭合线圈中的磁通量发生变化时,线圈中感应电流的方向可用图4-3-11所示的实验来判断.当磁棒移近或插入线圈时,线圈中感应电流产生的磁场方向(图中虚线所示)跟磁棒的磁场(图中实线所示)方向相反,即阻碍磁棒的插入;当磁棒移开或从线圈中抽出时,线圈中感应电流产生的磁场方向跟磁棒的磁场方向相同,即阻碍磁棒的移开.

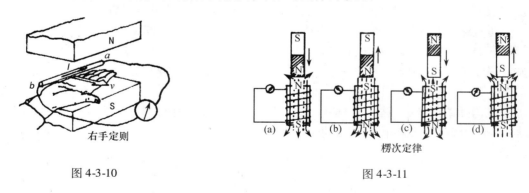

右手定则

图4-3-10

楞次定律

图4-3-11

由实验得出:感应电流的磁场总是阻碍引起感应电流的磁通量的变化,这一规律叫做楞次定律.

(三) 法拉第电磁感应定律

我们知道闭合电路里有电流,电路中必定有电源,电流是由电源的电动势产生的.在电磁感应现象中,当闭合电路中有感应电流时,电路中必定也有电动势.

在电磁感应现象中产生的电动势叫做感应电动势.不管外电路是否闭合,只要穿过电路的磁通量发生变化,电路中就存在感应电动势.

由实验可知,感应电动势的大小跟穿过电路的磁通量变化的快慢有关.磁通量变化的快慢可以由单位时间内磁通量的变化量来表示,法拉第通过精确的实验总结出如下的规律:

电路中感应电动势的大小,跟穿过这一电路的磁通量的变化率成正比,这就是法拉第电磁感应定律.用ε表示感应电动势,写成公式为

$$\mathcal{E} = k \frac{\Delta \Phi}{\Delta t} \qquad\qquad (4\text{-}3\text{-}4)$$

式中,$\Delta\Phi/\Delta t$ 是穿过线圈的磁通量的变化率;k 是比例系数,它的数值跟式中各量单位的选择有关. 在国际单位制中 $\Delta\Phi$、Δt 和 $\mathcal{E}$ 的单位分别是韦伯(Wb)、秒(s)和伏(V),这时 $k = 1$,上式可改写成

$$\mathcal{E} = \frac{\Delta \Phi}{\Delta t} \qquad\qquad (4\text{-}3\text{-}5)$$

在实际工作中,为了获得较大的感应电动势,常采用多匝线圈,由于穿过每匝线圈的磁通量的变化率都相同,而 n 匝线圈就是由 n 个单匝线圈串联而成的,因此,整个线圈中感应电动势为

$$\mathcal{E} = n \frac{\Delta \Phi}{\Delta t} \qquad\qquad (4\text{-}3\text{-}6)$$

例 4-3-1 匀强磁场磁感强度 $B = 0.10\text{T}$,方向垂直纸面向外(图 4-3-12),导线 ab 有效长度 L 为 0.50m,以 6m/s 的速度沿金属框向左匀速运动,导线 ab 的电阻 r 为 0.40Ω,金属框电阻不计,电阻 R 为 0.6Ω. 求:

(1) 感应电动势的大小.

(2) 感应电流的大小和方向.

解:$B = 0.10\text{T}, L = 0.50\text{m}, v = 6\text{m/s}, r = 0.40\Omega, R = 0.6\Omega$

(1) 感应电动势大小

$$\begin{aligned}
\mathcal{E} &= \frac{\Delta \Phi}{\Delta t} \\
&= \frac{B \cdot \Delta S}{\Delta t} \\
&= \frac{B \cdot L \cdot v \cdot \Delta t}{\Delta t} \\
&= BLv \\
&= 0.10\text{T} \times 0.50\text{m} \times 6\text{m/s} \\
&= 0.3\text{V}
\end{aligned}$$

(2) 感应电流的大小

$$\begin{aligned}
I &= \frac{\mathcal{E}}{R + r} \\
&= \frac{0.3\text{V}}{0.6\Omega + 0.4\Omega} \\
&= 0.3\text{A}
\end{aligned}$$

答:(1) 感应电动势为 0.3V.

(2) 感应电流为 0.3A. 感应电流的方向,用右手定则判定,在导线 ab 内是由 b 向 a.

三、自感现象

(一)自感现象

自感现象是一种特殊的电磁感应现象.

实验一 如图 4-3-12(a)所示,A_1 和 A_2 是两个同样规格的灯泡,L 是铁芯线圈. 合上电键 K,调节变阻器 R,使两个灯泡同样明亮,再调节变阻器 R',使两个灯泡正常发光,然后断开电键 K. 当再合上电键 K 时,可以看到灯泡 A_2 立即正常发光,灯泡 A_1 却是逐渐达到正常亮度. 灯泡 A_1 不是立即正常发光,这是由于电路接通时,通过线圈的电流增大,穿过线圈的磁通量也随着增大. 由楞次定律可知,线圈中会产生感应电动势,以阻碍线圈中电流的增大,使通过灯泡 A_2 的电流只能逐渐增大,从而导致了灯泡 A_2 只能慢慢地亮起来.

实验二 如图 4-3-12(b)所示,灯泡 A 跟带有铁芯,电阻较小的线圈 L 并联. 接通电路,灯泡 A 正常发光;断开电路时,灯泡 A 的亮度瞬间增大,然后才熄灭. 这是因为电路断开时,流过线圈

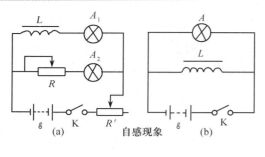

(a)　　自感现象　　(b)

图 4-3-12

L 的电流减弱,穿过线圈的磁通量也减少,线圈中会产生感应电动势,以阻碍线圈中电流的减小. 这时线圈 L 起了电源作用,产生了一个比电池的电动势还大的感应电动势,感应电流和电路中原电流方向相同,形成短暂的较大的电流,所以使灯泡 A 突然发出很亮的光,然后才熄灭.

实验表明,当导体中的电流发生变化时,导体本身会产生一个阻碍电流变化的感应电动势.

像这种由于导体本身的电流变化而产生感应电动势的现象,叫做自感现象. 在自感现象中产生的感应电动势叫做自感电动势.

由法拉第电磁感应定律可知,自感电动势和所有的感应电动势一样,它的大小是跟穿过线圈回路的磁通量的变化率 $\Delta\Phi/\Delta t$ 成正比的. 但在自感现象中,磁通量的变化率跟通过线圈电流的变化率 $\Delta I/\Delta t$ 有关,因为磁通量的变化是由电路本身的电流变化引起的. 所以,对于给定的线圈,自感电动势的大小跟电流的变化率成正比.

$$\mathscr{E} = \frac{\Delta\Phi}{\Delta t} = L\frac{\Delta I}{\Delta t} \tag{4-3-7}$$

式中,L 叫做线圈的自感系数,简称自感或电感. 自感系数是反映线圈对电流变化的阻碍作用的一种特性. 它与线圈本身的匝数、大小、形状以及线圈有无铁芯等因素有关. 线圈的匝数越多,直径越大,它的自感系数越大. 线圈加铁芯后,自感系数更大.

自感系数的单位是亨利(H). 如果线圈中的电流强度的变化率是 1A/s,线圈两端的自感电动势是 1V 时,这个线圈的自感系数就是 1H.

$$1H = 1VS/A$$

常用的较小单位是 mH 和 μH.

$$1H = 10^3 mH$$
$$1mH = 10^3 \mu H$$

自感现象在生产实践中有很多应用,半导体收音机中的高频线圈、日光灯和紫外线灯电路中的镇流器,都是应用自感现象的例子.

(二) 紫外线灯

紫外线灯的电路:紫外线灯的电路和日常使用的日光灯电路相同(图 4-3-13),主要由灯管、镇流器和启辉器组成. 与日光灯不同的是紫外线灯管是用石英玻璃制成,内壁不涂荧光粉,可让具有荧光作用的紫外线通过,管内充有稀薄的水银蒸气,在 500V 左右的高压激发导电时,水银蒸气就会发出紫外线.

1. 启辉器　启辉器是充有氖气的小玻璃泡,泡外有铝壳或塑料壳保护,泡内有两个电极:一个是固定不动的静触片,另一个是双金属片制成的 U 型触片. 当开关闭合后,电源电压大部分加

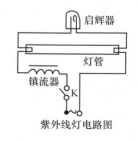

图 4-3-13

在启辉器的两触片上,引起氖气放电发出辉光,辉光产生的热量使 U 型触片受热膨胀伸长,而和静触片接触把电路接通. 电路一接通,启辉器中的氖气就停止放电,U 型触片受冷收缩,两个触片分离,电路突然中断.

2. 镇流器　镇流器是一带铁芯的线圈,在紫外线灯电路中起两个作用:一是在启辉器断开的瞬间,通过镇流器的电流突然减小,由于自感现象,镇流器的两端激起一个很高的自感电动势,加到紫外线灯两端,使灯管两端间的气体被激发导电,而发出紫外线,即"点亮"紫外线灯. 二是在紫外线灯点亮后,因镇流器有一定的电阻和自感,它和灯管串联起限流作用,保证紫外线灯在一定的

笔记栏

电流强度下正常工作.

例 **4-3-2**　一线圈的自感系数为 0.50H, 通过的电流强度为 2A, 在 0.01s 内, 电路中的电流强度降为零. 求线圈中产生的自感电动势的大小.

解: $L = 0.50\text{H}, I_1 = 2\text{A}, I_2 = 0, t = 0.01\text{s}$

根据 $\varepsilon = L\dfrac{\Delta I}{\Delta t}$ 得自感电动势的大小为

$$\varepsilon = L\frac{\Delta I}{\Delta t}$$

$$= \frac{0.50\text{H} \times (0-2)\text{A}}{0.01\text{s}}$$

$$= 100\text{V}$$

答: 自感电动势是 100V.

这节课主要学习了磁场的磁感强度、磁通量等概念, 学习了通电导体在磁场中受到磁场作用的规律及受力方向的判断——右手定则. 学习了电磁感应现象、产生感应电流的条件及判断感应电流的方向——楞次定律, 还学习了计算感应电动势大小的法拉第电磁感应定律.

小　结

目 标 检 测

1. 存在于磁体或电流周围空间的一种特殊物质叫做＿＿＿＿＿;物理学中规定小磁针北极在磁场中某点所指的方向就是该点的磁场方向. 磁场的基本特性之一, 是对放入其中的＿＿＿＿或＿＿＿＿有力的作用.

2. 判断通电导体在磁场中的受力方向用＿＿＿＿定则, 判定闭合电路的一部分导体做切割磁感线运动时, 导体中产生的感应电流的方向用＿＿＿＿定则.

3. 下列说法正确的是　　　　　　　　　　　　　　　　　　　　　　　( )
   A. 磁感线上每一点的切线方向都跟该点的磁场方向一致
   B. 电流周围磁场的方向和电流方向的关系可用安培左手定则来判定
   C. 磁体的磁场和电流的磁场有着本质的区别
   D. 穿过磁场中某一个面的磁感线的条数, 叫做穿过这个面的磁通量

4. 下列说法错误的是　　　　　　　　　　　　　　　　　　　　　　　( )
   A. 穿过电路的磁通量发生变化, 电路中就会产生感应电流
   B. 感应电流的磁场总是阻碍引起感应电流的磁通量的变化
   C. 紫外线灯的电路主要由灯管、镇流器和起辉器组成
   D. 由于导体本身的电流变化而产生感应电动势的现象, 叫做自感现象

第 **4** 节　交　流　电

一、交流电的产生和图形

大小和方向都随时间作周期性变化的电流叫做交流电. 矩形线圈在匀强磁场中匀速转动就可以产生交流电, 交流电的图像是一条正弦曲线(图4-4-1).

二、交流电的周期和频率

1. 周期　交流电完成一次周期性变化所需要的时间, 叫做交流电的周期, 用 T 表示, 单位是秒(s).

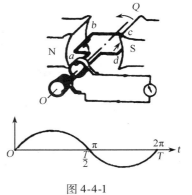

图 4-4-1

2. 频率 交流电在1s内完成周期性变化的次数,叫做交流电的频率,用f表示,单位是赫兹(Hz).周期和频率都是表示交流电变化快慢的物理量,根据周期和频率的定义可知

$$T = \frac{1}{f} \quad \text{或} \quad f = \frac{1}{T} \tag{4-4-1}$$

我国工农业生产和日常生活中使用的交流电,周期是0.02s,频率是50Hz.

三、交流电的有效值

交流电的电压和电流的瞬时值是时刻在变化的,为了使交流电跟直流电的实际效果可以比较,就用有效值来表示交流电的大小. 交流电的有效值是根据电流的热效应来规定的. 让交流电和直流电分别通过阻值相同的电阻,在相同的时间内,如果产生的热量相同,那么,这个直流电的数值就叫做该交流电的有效值.

各种交流用电器上标明的额定电压或额定电流都是指有效值,交流电压表和交流电流表测量的数值也是交流电的有效值,我国照明电路的电压为220V,工农业生产中的动力电路的电压一般为380V,也是指有效值. 对交流电凡是没有特别说明的,都是指它的有效值.

四、三相交流电

我们只要留意观察,就会发现马路旁电线杆上的电线共有四根,而进入家庭的进户线只有两根.这是因为电线杆上架设的是三相交流电的输电线,进入家庭的是单相交流电的输电线.

三相四线供电线路图如图4-4-2所示. 相线与相线间的电压是线电压$U_{线}$,相线与中性线间的电压是相电压$U_{相}$,我国相电压为220V,线电压是$U_{线}$为380V.

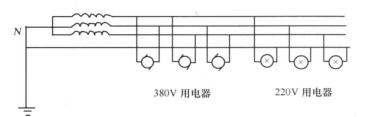

380V 用电器　　　220V 用电器

图 4-4-2

在照明电路中,火线(相线)和零线(中性线)可以用测电笔来判断. 当笔尖与火线接触时,笔内氖灯发红光;当笔尖与零线接触时,笔内氖灯不发光.

五、电疗和磁疗

（一）电疗（交流电疗）

1. 低频电疗 医学上把用频率在1kHz以下的电流治疗疾病,叫做低频电疗.低频电疗能促进局部血液循环,提高肌肉组织代谢,镇静中枢神经系统等作用.适于治疗神经麻痹、肌肉萎缩及劳损等(图4-4-3).在实用中要注意选择适当的频率、通电时间、电流强度、电压高低和脉冲波形.通常低频电疗的电流强度为1~30mA,电压为100V以下.

图 4-4-3

2. 中频电疗 医学上把用频率为 1～100kHz 范围内的电流治疗疾病,叫做中频电疗.通常中频电疗电流强度为 1～100mA,电压 100V 以下.

中频电流对机体的作用仍然是刺激作用.但与低频电流不同的是频率比较高,周期较短,波宽较窄,每次对机体刺激的时间较短.中频电疗能调节自主神经,促进腺体分泌,改善血液循环,主要治疗作用有镇痛、抗炎、松解粘连、软化瘢痕和锻炼骨骼肌等.

3. 高频电疗 医学上把用频率为 100kHz 以上的正弦交变电流治疗疾病,叫做高频电疗.高频电流与直流电、低频电流对机体的作用有着很大的区别.当高频电流加于人体时,由于振荡频率高,电流方向改变极快,使人体体液中的离子不会发生显著的位移,离子浓度的变化极小,只能在平衡位置附近振动,因摩擦而生热,所以高频电疗主要是产生热作用.

选择一定幅度和一定频率的高频电流,让其在体内产生足够的热量,借以达到治疗目的,这种方法叫做透热疗法.按所使用的交流电频率,可分为中波(1～3MHz)、短波(3～30MHz)和超短波(30～300MHz)三种透热疗法.

透热疗法能使人局部或全身发热,促进血液循环,改善组织营养和功能状态、抑制细菌的生长,并有抗炎、镇痛等作用.另有一种频率在 150～1000kHz 的高频电疗,叫做达松伐疗法.它能调节神经血管功能、降低血压,还能治疗神经痛、偏头痛、神经性耳鸣、冻疮等疾患(图 4-4-4).

利用高频电流的热作用,不仅可以治疗多种疾病,而且可用于外科手术.把高频电源的一端接到一个刀状电极上,当高频电流通过电极进入人体时,会产生大量热而使刀口组织裂开,起到手术刀的作用.所以,把这种装置叫做高频电刀.手术时,毛细血管因受热而封闭,所以,又可起到止血作用.

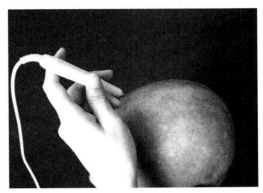

图 4-4-4

(二) 磁疗

人体细胞是具有一定磁性的微型体。近年来,磁的生物效应愈来愈引起人们的注意.磁场对人体的神经、体液、血细胞、血脂等都有一定影响.磁场能增强白细胞吞噬细菌的能力;可提高机体免疫功能,使机体对疾病的抵抗力增强;有扩张毛细管调节微循环的作用;能增强内分泌腺的功能.现代科学技术可以确定,外加磁场对细胞,主要是细胞类脂液晶膜层的影响及细胞间协调关系的整合作用,是磁场可以治病、健身的主要原因.

利用磁场治疗疾病的方法叫做磁疗.磁疗主要有以下几种:

1. 静磁疗法 即用稀土钴合金或钕铁硼合金等永磁材料做成各种形状的器具,如磁片、磁珠、磁腰带或根据疾病部位做成特殊形状,固定在病变部位进行治疗的方法(图 4-4-5).静磁疗法有抗炎、止痛、促进毛细血管增生、表皮生成等作用,对癌症、妇女痛经、颈椎病、哮喘、癫痫等

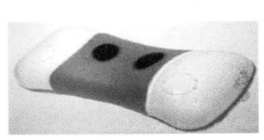

磁疗枕头

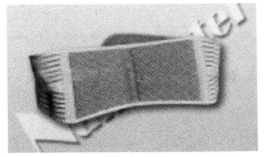

磁疗腰带

图 4-4-5

病有较好的疗效.

2. 经络磁疗法 是以经络学为依据,将传统的中医理论,特别是针灸理论与现代医学相结合,把小磁块(磁场)作用于疾病相应的穴位表面,通过磁场激发经络产生循环效应,调整气血,促进血液循环、新陈代谢,在体内诱发热能,以达治疗目的.经络治疗法是20世纪70年代以来磁疗的新发展,被广泛应用在内、外、妇、五官及皮肤等各科的有关疾病的治疗中.

3. 复合磁场疗法 20世纪80年代后期,磁疗在神经方面的研究及应用很广,磁疗器具产生的磁场从静磁场发展成为复合磁场.磁疗仪不但可产生交变磁场,还可产生脉冲磁场.复合磁场对精神疾病、青光眼、白内障、高血压等多种疾病有良好的治疗效果.

4. 磁化水疗法 水经磁化处理,水的理化功能发生变化,保持有生物效应的活性水,叫做磁化水.磁化水能增高渗透压、改善通透性、增强消化功能,创造消化吸收营养物质的生理条件.磁化水还能延缓人体细胞衰老,抑制结石的形成,对已形成的结石还有溶解、促排作用.磁化水在保健中得到了很好的应用.

六、安全用电常识

电能的使用,给我们的生活、医用和护理等工作带来了极大的方便.然而稍有不慎,也会引发各种事故,为此,我们必须掌握一定的安全用电常识.在使用电气设备时,应严格执行安全用电的有关规程,以避免人身和设备事故的发生.

(一) 触电

因触及带电体而使人体通过较大电流,以致引起人身伤害甚至死亡的现象叫做触电.触电对人体的伤害程度决定于通过人体电流的大小、频率、途径和时间的长短.

人体是导体,当人体接触设备的带电部分,就有电流流过人体,当1mA左右的电流通过人体就会使人有发麻的感觉,当大于10mA的交流电或大于50mA的直流电通过人体时,就有生命危险.当人体触及的电压不超过36V时,通过人体的电流不会达到危及人身安全的程度.所以,通常规定36V为安全工作电压.大量的事实证明,对潮湿或其他特殊环境,安全电压则相应降至24V或12V;一般认为频率在25～300Hz的交流电对人体造成的危害最大;电流经过心脏或神经组织丰富处最为危险;触电时间越长对人体的伤害越大.因此,当发现有人触电时,应立即设法使触电者脱离电源,迅速采取措施,使触电者脱险.

常见的人体触电情况有:①单线触电:即电流从一根火线通过人体流入大地造成的触电[图4-4-6(a)].②双线触电:即电流从一根导线通过人体流入另一根导线造成的触电[图4-4-6(b)].③跨步电压触电:即当高压输电线折断落地,电流入地.人走近电线落地点,在两脚踏地的两点间有电压(跨步电压)存在,使电流通过人体而造成的触电(图4-4-7).④漏电触电:即电气设备因绝缘损坏或带电导体碰壳而使外壳带电,人触及带电设备外壳而造成的触电.⑤击穿触电:人靠近高压带电体(如高压线),高压带电体击穿空气放电而造成人体触电.

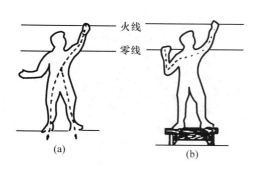

图 4-4-6

图 4-4-7

（二）安全用电

　　为防止触电事故发生,应注意以下几点:①一般都不要带电操作.②各种电器设备的金属外壳都必须按规定采用专门的接地保护,使用三线插头,一旦某电器金属外壳带电,电流将经过地线从大地流走,以确保人体用电安全.③要防止导线绝缘部分的损坏,开关、插座等要防止裂开.否则,如果当火线和零线直接接触时,就会发生短路,引起火灾.④不要用湿手接触开关、插头、用电器,不能在电线上晾衣物(图4-4-8).在任何情况均不能用手直接鉴定接线端或裸导线是否带电.⑤电器发生火灾时,首先切断电源,绝不能在带电情况下用水救火.

　　一旦发现有人触电时,应首先切断电源或用干燥木棍、竹竿将电线挑开(绝不能用手去拉或用金属棒去挑),使触电人迅速脱离电源.一方面请医生,同时根据情况采取紧急救护措施:①如果触电者神志清楚,呼吸正常,可让触电者到空气新鲜的地方安静休息.②如果触电者已失去知觉,但呼吸没有停止,应使他安静仰卧,解开衣扣以利呼吸.如果呼吸困难,发生抽筋现象,必须施行人工呼吸.③如果触电者呼吸、心跳停止,不可轻易认为已经死去,而应立即连续地进行人工呼吸和胸外按压(图4-4-9),以尽可能抢救其生命,并想办法急送医院作进一步抢救治疗.

图4-4-8　　　　　　　　　　　　　　　　图4-4-9

　　这节课主要学习了我国交流电的周期、频率,三相四线供电线路的相电压、线电压的含义和数值,学习了安全用电的基本知识.发现有人触电了,你知道该怎么办吗?

小 结

目 标 检 测

1. 大小和方向都随时间作周期性变化的电流叫做_____电;我国日常生活中使用的交流电的周期和频率分别是_____和_____.

2. 我国三相四线交流电供电线路中,相电压为_____伏特,线电压为_____伏特.在照明电路中,火线和零线可以用试电笔来判断,当笔尖与火线接触时,笔内氖灯_____.

3. 常见的人触电情况有_____、_____、_____、_____.

4. 下列说法错误的是　　　　　　　　　　　　　　　　　　　　　　　　　(　)
　　A. 交流电的图像是一条正弦曲线

B. 矩形线圈在匀强磁场中匀速转动就可以产生交流电

C. 对交流电凡是没有特别说明的,都是指它的有效值

D. 三相四线供电线路相线与相线间的电压叫相电压

5. 下列说法错误的是 （　　）

A. 因触及带电体而使人体通过较大电流以致引起人身伤害甚至死亡的现象叫做触电

B. 触电对人体的伤害程度决定于通过人体电流的大小、频率、途径和时间的长短

C. 人靠近高压带电体,高压带电体击穿空气放电而造成人体触电叫做击穿触电

D. 通常规定 12V 为安全工作电压

第 5 节　电　磁　波

一、电　磁　波

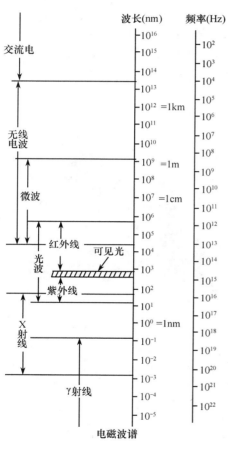

图 4-5-1

1865 年,英国物理学家麦克斯韦(1831—1879)提出:不仅电荷能产生电场,变化的磁场也能产生电场;并且,不仅电流能产生磁场,变化的电场也能激发磁场. 根据麦克斯韦的理论,如果在某一区域有不均匀的电场(或磁场),则会在邻近区域激发变化的磁场(或电场);如果这磁场(或电场)的变化又是不均匀的,则在较远区域里又会激发变化的电场(或磁场).这种变化的电场和磁场交替产生,由近及远在空间传播的过程,叫做电磁波,电磁波是由电磁振荡产生的. 1882 年,德国物理学家赫兹用实验证实了麦克斯韦的理论.

二、电磁波谱

电磁波的频率范围相当宽广,它包括无线电波、红外线、可见光、紫外线、伦琴射线(即 X 射线)、γ 射线,按他们的频率高低(波长大小)的顺序依次排列起来,叫做电磁波谱(图 4-5-1).

(一) 无线电波

波长在 $1 \times 10^{-4} \sim 3 \times 10^{3}$m 之间,分别分为长波、中波、短波、超短波、微波等. 各波段的波在无线电通讯中有不同的用途(表 4-5-1).

(二) 红外线

波长在 $0.76 \times 10^{-6} \sim 750 \times 10^{-6}$m 之间的电磁波叫红外线. 红外线人眼看不见,主要由炽热物体辐射出来,它的显著特性是热效应大,能透过较厚的气层和浓雾. 红外线在生产、军事和医学上有重要应用.

表 4-5-1 无线电波各波段的波在无线电通讯中的不同用途

波 段		波 长	频 率	传播方式	主 要 用 途
长波		30 000 ~ 3000 m	10 ~ 10 kHz	地波	超远程无线电通讯和导航
中波		3000 ~ 200 m	100 ~ 1500 kHz	地波和天波	调幅（AM）无线 电广播电报通讯
中短波		200 ~ 50 m	500 ~ 6000 kHz		
短波		50 ~ 10 m	6 ~ 30 MHz	天波	
微波	米波（VHF）	10 ~ 1 m	30 ~ 300 MHz	近似直线传播	调频（FM）无线电广播电视导航
	分米波（UHF）	1 ~ 0.1 m	300 ~ 3000 MHz	直线传播	电视 雷达 导航
	厘米波	10 ~ 1 cm	3000 ~ 30 000 MHz		
	毫米波	10 ~ 1 mm	30 000 ~ 300 000 MHz		

（三）可见光

波长在 $0.76 \times 10^{-6} \sim 0.40 \times 10^{-6}$ m 之间的电磁波叫可见光.可见光是人眼所看见的各种颜色的光,包括红、橙、黄、绿、青、蓝、紫等七种颜色,其中红光波长最长,紫光波长最短.白光是这七种颜色光的复合光.

（四）紫外线

波长在 $1 \times 10^{-9} \sim 0.40 \times 10^{-6}$ m 之间的电磁波叫紫外线.紫外线人眼看不见,是由温度很高的炽热物体如太阳、紫外线灯管等辐射出来,有显著的化学和生理作用,杀菌能力强.

（五）X 射线

波长在 $10^{-13} \sim 10^{-7}$ m 之间的电磁波叫 X 射线,又称伦琴射线,俗称 X 线.X 射线在医学上的应用分为诊断和治疗两个方面.X 射线诊断有透视、X 射线摄影、造影检查、X 射线计算机断层摄影诊断（X-CT）;X 射线治疗有放射治疗、加热放疗、介入放射治疗、直线加速放射治疗.X 射线对人体有损害作用,故在 X 射线检查中要注意防护.

（六）γ 射线

波长在 $1 \times 10^{-14} \sim 3 \times 10^{-8}$ m 之间的电磁波叫 γ 射线.它是放射性元素在衰变过程中放射出来,或来自宇宙射线.γ 射线具有很强的穿透性,能将气体电离并有生物杀伤作用等.

从无线电波到 γ 射线,都是本质上相同的电磁波,遵循共同的规律,同时在传播的过程中,都伴随着能量向前传递.但从另一方面,由于它们的频率（或波长）的不同,产生的机制不同,又表现出不同的个性,有不同的应用.

三、红外线、紫外线及微波在医护工作中的应用

（一）红外线

英国物理学家赫谢耳于 1800 年发现了红外线.除太阳外,还有火焰、电灯、车辆、飞机、建筑物、人体等都能辐射红外线.可以说,一切物体都在辐射红外线,只是辐射红外线的波长和强度不同而已.

红外线被物质吸收后,不会使物质分子激发或电离,但能使物质分子的热运动加剧.所以,红外线最显著的特性是热作用.医学上常用红外线做局部加热,使局部温度升高,使血管舒张、血流加速、促进组织的代谢,它对各种神经炎、关节炎、循环障碍等疾病有一定疗效.但红外线对眼睛有一定的损害作用,它会使眼睛的晶状体发生混浊,引起白内障,应注意防护.

(二) 紫外线

德国物理学家里特于 1801 年发现紫外线. 一切高温物体, 如太阳、弧光灯等发出的光中都含有紫外线. 紫外线的能量较大, 被物质吸收后常能引起分子或原子的电离, 产生较强的化学反应, 紫外线使许多物质发出荧光. 紫外线的生物效应主要是光化作用.

医学上把太阳叫做最大的消毒器, 就是因为太阳中的紫外线能杀灭地球表面和空气中的致病菌, 预防传染病的发生和传播. 医院里也常用紫外线灯照射病房和手术室消毒. 这是因为细菌受紫外线照射后, 蛋白质分子受到光化作用破坏而死亡. 现在, 医学上常用紫外线治疗银屑病、粉刺、特异性皮炎等皮肤疾病. 紫外线除了直接作用于皮肤, 对人体全身还会产生许多影响. 它能增强交感肾上腺功能, 提高免疫反应, 促进磷钙代谢, 增强人体对环境污染的抵抗力. 适量的紫外线可降低血压和血清胆固醇. 紫外线可以促进骨骼钙化, 具有抗佝偻病的作用. 为了增强体质, 促进身体健康, 适当晒晒太阳有一定好处. 但过强的紫外线会伤害人的眼睛和皮肤, 引起电光性眼炎并使皮肤变黑变粗糙, 严重的甚至引起皮肤癌, 因此人们要注意避开强阳光和杀菌紫外线灯管中的强紫外线.

(三) 微波

波长在 0.1mm 至 1m 之间的无线电波, 又叫做微波. 微波的波长长、光子能量小, 对组织不足以引起电离作用, 它的主要特点是对皮肤、脂肪、肌肉和骨骼组织的透热效应比较均匀.

在医学上用微波照射来治疗疾病, 微波治疗效果较好的有神经痛、慢性肺炎、哮喘、肝炎、胆囊炎、扭伤、牙龈炎等. 微波还可用于突发性心肌病病人的抢救. 用大剂量微波照射治疗一些部位较浅的恶性肿瘤也有一定疗效. 微波在诊断方面也有很好的应用. 用超高灵敏度的低噪声微波接收器对人体进行扫描接收, 探测人体自然热辐射中的微波部分, 可以得到分辨率相当高的热像图. 因为癌组织的温度略高于正常组织, 所以这种测温技术提供了一种探测体内癌症的新方法. 但微波长期作用在人体上是有危险的, 应注意防护.

这节课主要学习了电磁波和电磁波谱, 了解了红外线、紫外线、微波在医疗工作中的应用.

 小 结

 目 标 检 测

1. 变化的_____和_____交替产生, 由近及远在空间传播的过程, 叫做电磁波; 电磁波的频率范围相当宽广, 它包括无线电波、_____、_____、_____、_____、_____; 按他们的频率高低 (波长大小) 的顺序依次排列起来, 叫做_____.

2. 下列说法正确的是　　　　　　　　　　　　　　　　　　　　　　　　　( )
   A. 紫外线是德国物理学家里特于 1801 年发现的
   B. 红外线的波长比紫外线短
   C. 一切物体都在辐射紫外线
   D. 红外线最显著的特性是消毒作用

3. 下列关于紫外线的说法错误的是　　　　　　　　　　　　　　　　　　　( )
   A. 太阳、弧光灯等发出的光中都含有紫外线
   B. 医院里常用紫外线灯照射病房和手术室消毒
   C. 紫外线可以促进骨骼钙化, 具有抗佝偻病的作用
   D. 紫外线的生物效应主要是光电效应

 笔记栏

(肖光华)

第 **5** 章 几何光学和光学仪器

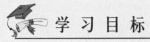
光学是一门发展较早的科学,早在2400多年前,我国古代墨翟(公元前468—前382)在《墨经》中就记载了关于光的直线传播和影像生成的原理,以及凹镜和凸镜成像的实验.光学不仅是一门基础科学,又是和现代科学技术相联系的应用科学.

几何光学,是研究光在透明介质中传播的规律.本章主要内容是以光的直线传播及光的折射和折射定律为基础,学习全反射、透镜成像和常见的光学仪器——放大镜、显微镜、纤维镜、照相机等结构原理.

第 **1** 节 光的折射 全反射

一、光 的 折 射

(一) 光的折射

1. 折射定律 当光线从介质 1 透射入介质 2 时,在分界面上一部分光线被反射回介质 1,一部分光线被折射进入介质 2 (图 5-1-1).实验和理论都证明,折射光线的方向遵循以下规律:

(1)折射线在入射线和过入射点的法线所决定的平面内,且和入射线分居在法线的两侧.

(2)入射角的正弦和折射角的正弦之比,对于任意给定的两种介质来说,是一个常数 n_{21},即

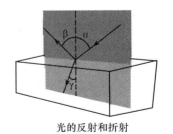

光的反射和折射

图 5-1-1

$$\frac{\sin\alpha}{\sin\gamma} = n_{21} \qquad (5\text{-}1\text{-}1)$$

这就是光的折射定律.式中,常数 n_{21} 叫做介质 2 对于介质 1 的相对折射率,此常数的大小与两种介质的光学性质有关.

2. 折射率 光从真空射入某种介质发生折射时,入射角 α 的正弦跟折射角 γ 的正弦之比,叫做这种介质的折射率,用 n 表示.即

$$n = \frac{\sin\alpha}{\sin\gamma} \qquad (5\text{-}1\text{-}2)$$

空气的光学性质和真空的光学性质很接近,空气的折射率可以近似取为 1.

笔记栏

表 5-1-1 几种介质的折射率

介质	折射率	介质	折射率
房水	1.336	空气	1.0003
玻璃体	1.336	水蒸气	1.026
角膜	1.376	水	1.33
晶状体	1.424	冰	1.31
水晶	1.54	乙醚	1.35
乙醇	1.36	石英	1.46
甘油	1.47	玻璃	1.5～2.0
金刚石	2.4		

折射率是表示光线通过两种介质分界面时偏折程度的物理量.介质的折射率越大,光线从真空(或空气)进入该介质以后偏离原来方向的程度越大,越靠近法线.

3. 光密介质、光疏介质 任意两种介质相比较,光在其中传播的速度较小的介质叫做光密介质,光在其中传播的速度较大的介质叫做光疏介质.光密介质的折射率较大,光疏介质的折射率较小.

由于光在真空里的速度 $c = 3 \times 10^8 \mathrm{m/s}$,比光在其他各种介质里的传播速度都大.所以,真空与其他所有介质比较,都称得上是光疏介质.

实验和理论得出:当光从介质1进入介质2,入射角的正弦与折射角的正弦之比等于光在介质1的光速 v_1 与光在介质2的光速 v_2 之比,即:

$$\frac{\sin\alpha}{\sin\gamma} = \frac{v_1}{v_2} \tag{5-1-3}$$

光从介质1入射介质2时有以下六种关系:

$$\frac{\sin\alpha}{\sin\gamma} = n_{21} \qquad \frac{\sin\alpha}{\sin\gamma} = \frac{v_1}{v_2} \qquad \frac{\sin\alpha}{\sin\gamma} = \frac{n_2}{n_1}$$

$$n_{21} = \frac{n_2}{n_1} \qquad n_{21} = \frac{v_1}{v_2} \qquad \frac{v_1}{v_2} = \frac{n_2}{n_1}$$

光从真空入射某种介质发生折射时有以下两种关系:

$$\frac{\sin\alpha}{\sin\gamma} = n \qquad n = \frac{c}{v}$$

例 5-1-1 光线从真空射入某介质时,入射角是45°,折射角是30°,求该介质的折射率.

解:$\alpha = 45°$,$\gamma = 30°$

根据 $\dfrac{\sin\alpha}{\sin\gamma} = n$ 得

$$
\begin{aligned}
n &= \frac{\sin\alpha}{\sin\gamma} \\
&= \frac{\sin 45°}{\sin 30°} \\
&= \frac{\frac{\sqrt{2}}{2}}{\frac{1}{2}} \\
&= \sqrt{2}
\end{aligned}
$$

答:该介质的折射率是 $\sqrt{2}$.

(二)通过三棱镜的光线的性质

主截面是三角形的玻璃棱镜称三棱镜(图 5-1-2).光线从空气入射到三棱镜的一侧面上,经两次折射,向三棱镜的底面偏折,即向棱镜厚度大的一面偏折.入射线的延长线(SO)和折射线(S_1O_1)的反向延长线所夹的 δ 角叫偏向角(图 5-1-3).偏向角跟棱镜材料的折射率有关,折射率越大,偏向角越大.

白光射向三棱镜,通过三棱镜后,在屏上形成红、橙、黄、绿、青、蓝、紫的彩带,这种现象叫做光的色散(图 5-1-4).

主截面

三棱镜

图 5-1-2

笔记栏

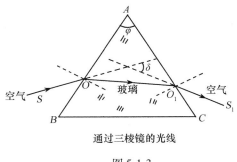

通过三棱镜的光线

图 5-1-3

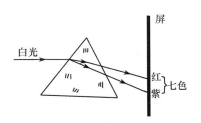

白光通过三棱镜发生色散现象

图 5-1-4

红光在最上端,紫光在最下端.由此可知各种色光通过三棱镜后偏折角度不同,而颜色不变.红光的偏折角度最小,紫光的偏折角度最大.

二、全 反 射

(一) 全反射现象

当光线从光密介质射向光疏介质时,在界面会同时发生反射和折射现象,且折射角总是大于入射角.如果入射角增大,折射角也随着增大,当入射角增大到某一角度时,折射角增大到90°,此时只有一条微弱的光线沿着界面传播,而反射光较强.继续增大入射角,就连那条沿界面传播的微弱的光线也反射回原来的光密介质中(图 5-1-5).

这种从光密介质射入光疏介质的入射光线全部反射而无折射的现象叫做全反射.

如果让光线从光疏介质射入光密介质绝不会产生全反射现象.

我们把光线从光密介质入射到光疏介质时,折射角等于 90° 时所对应的入射角叫做临界角.用字母 A 表示(图 5-1-6).

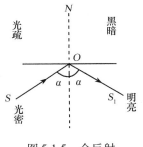

图 5-1-5 全反射

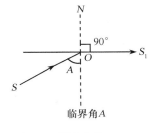

图 5-1-6

全反射的条件:①光线从光密介质射入光疏介质.②入射角大于临界角.

(二) 临界角的计算

当光线从光密介质射入光疏介质时,临界角的计算式可表达为

$$\sin A = \frac{n_{疏}}{n_{密}} \qquad (5-1-4)$$

如果光线从某种介质射入真空(空气)时,临界角的计算式可表达为

$$\sin A = \frac{1}{n} \qquad (5-1-5)$$

例5-1-2 玻璃的折射率 $n_{玻}=2.0$，求光从玻璃射入空气时的临界角是多少？

解：$n_{玻}=2.0$

根据 $\sin A=\dfrac{1}{n}$ 得

$$\sin A_{玻}=\dfrac{1}{n}$$

$$=\dfrac{1}{2}$$

$$A_{玻}=30°$$

答：光从玻璃射入空气时的临界角为 $30°$。

全反射现象在日常生活中也是常见的．如玻璃里的气泡明亮耀眼是全反射的实例．自然界的所谓"海市蜃楼"，也是与大气上下层密度差别所引起的全反射现象有关．

全反射现象在医学技术上应用较广，如光导纤维在医学上制作各种内镜等．

这节课主要学习了光的折射定律，棱镜对光的偏折、色散，得出了介质的折射率的概念，还学习了光疏介质与光密介质、全反射及其应用．

小 结

目标检测

1. 下列说法错误的是 　　　　　　　　　　　　　　　　　　　（　）
   A. 空气的光学性质和真空的光学性质很接近，空气的折射率可近似取为1
   B. 真空与一切介质比较，都可称得上是光疏介质
   C. 从光密介质射入光疏介质的入射光线全部反射而无折射的现象叫做全反射
   D. 全反射的条件是入射角小于临界角

2. 玻璃的折射率是2.0，玻璃的临界角是 　　　　　　　　　　　　（　）
   A. 45°　　　　　　　　　　　　B. 60°
   C. 30°　　　　　　　　　　　　D. 以上答案都不是

3. 光从空气斜射入水中，下列答案正确的是 　　　　　　　　　　（　）
   A. 一定能产生全反射现象
   B. 一定不能产生全反射现象
   C. 可能不产生全反射现象
   D. 可能产生全反射现象，也可能不产生全反射现象

第2节 透镜成像

一、透　镜

（一）透镜的分类

透镜是光学仪器中用得最广泛的光学元件．折射面是两个球面，或一个球面一个平面的透明体叫做透镜．

中央比边缘厚的透镜，叫做凸透镜．边缘比中央厚的透镜，叫做凹透镜．在图 5-2-1 所示的透镜中，A、B、C 为凸透镜，D、E、F 为凹透镜．

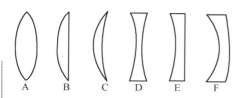

图 5-2-1

凸透镜能使光线偏向中央而会聚,又叫做会聚透镜,凹透镜能使光线偏向边缘而发散,又叫做发散透镜(图5-2-2).

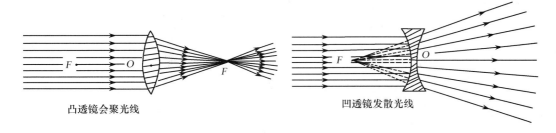

凸透镜会聚光线　　　　　　　凹透镜发散光线

图5-2-2

(二) 透镜的主光轴、光心、焦点和焦距、焦度

1. 主光轴(C_1C_2)　通过透镜两个球面的球心O_1O_2的直线(图5-2-3).

2. 光心(O)　薄透镜(厚度比球面的半径小得多的透镜)两个球面的顶点重合在透镜中心的点.光心的光学性质是通过它的光线方向不变.

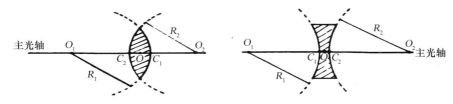

图5-2-3

3. 焦点(F)　平行于主轴的光线,通过凸透镜后会聚于主光轴上的点,叫做凸透镜的焦点.凸透镜的焦点是实焦点;平行于主轴的光线,通过凹透镜后发散光线的反向延长线相交于主轴上的点,叫做凹透镜的焦点.凹透镜的焦点是虚焦点(图5-2-4).

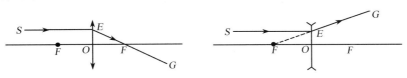

图5-2-4

4. 焦距(f)　从透镜的焦点到光心的距离.凸透镜的焦距f规定为正值,凹透镜的焦距f规定为负值.

5. 焦度(φ)　焦距的倒数($\varphi = f$),表示透镜会聚或发散光线的本领.焦度的单位规定为屈光度(D),1 屈光度 $=1/$米.

屈光度数值的100倍,就是通常所说的眼镜的度数.

> **例5-2-1**　一近视眼镜的透镜的焦距是 $-0.5\mathrm{m}$,问眼镜的度数是多少?
>
> 解:$f = -0.5\mathrm{m}$
>
> 根据 $\varPhi = \dfrac{1}{f}$ 得透镜的焦度是
>
> $$\varPhi = \frac{1}{f} = \frac{1}{-0.5\mathrm{m}} = -2\mathrm{D}$$
>
> 眼镜的度数是 -200 度.
>
> 答:眼镜的度数是 -200 度.

二、透镜成像作图法

从同一个发光点发出的近轴光线,通过透镜折射后能会聚于一点,这一点就是发光点的像.为了做出发光点的像,只要做出从这点发出的任意两条近轴光线在折射以后的交点就行了.常用的方法是从下面的三条特殊光线中任意取两条来做出它们折射后的交点.这三条特殊光线:

对于凸透镜:①平行于主光轴的光线通过透镜后交于焦点.②通过焦点的光线通过透镜后平行于主光轴.③通过光心的光线沿原直线方向前进,不改变方向.

对于凹透镜:①平行于主光轴的光线通过透镜后其反向延长线交于焦点.②对着焦点入射的光线通过透镜后平行于主光轴.③通过光心的光线沿原直线方向前进,不改变方向.

透镜成像三条特殊光线作图法如图 5-2-5 所示.

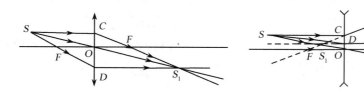

图 5-2-5

通过透镜成像作图法,就能把透镜成像的位置、大小、倒正、虚实等情况反映出来(图5-2-6)

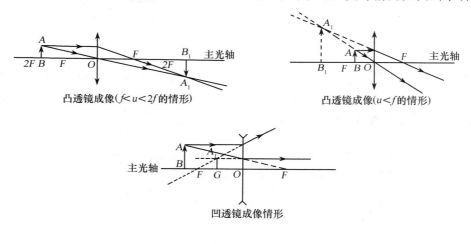

凸透镜成像($f<u<2f$的情形)　　凸透镜成像($u<f$的情形)

凹透镜成像情形

图 5-2-6

从作图可知,凸透镜成像的特点:实像总是跟物体分居透镜的两侧,且是倒立的;虚像总是跟物体居在透镜的同侧,且是正立的.凹透镜成像的特点:不管物体放在焦点之外还是之内,生成的像总是跟物体居在透镜的同侧,是缩小的、正立的虚像.由上述可知,透镜成像的特点:实像与物位于透镜两侧,是倒立的;虚像与物位于透镜同侧,是正立的.

见表5-2-1.利用作图法可以确定像的虚实、正倒、大小和位置.用实验也可以验证这些规律.

笔记栏

表 5-2-1　透镜成像性质和应用

| 透镜 | 物的位置 | 像的性质 | | | | 应　用 |
		像的位置	像的大小	倒或正	虚或实	
凸透镜	$u \to \infty$	异侧 $v = f$	缩小为一点	一点	实像	测焦距
	$\infty > u > 2f$	异侧 $f < v < 2f$	缩小	倒立	实像	眼睛、照相机
	$u = 2f$	异侧 $v = 2f$	等大	倒立	实像	倒立实像
	$2f > u > f$	异侧 $2f < v < \infty$	放大	倒立	实像	幻灯机、显微镜的物镜
	$u = f$	异侧 $v \to \infty$	无像	无像	无像	探照灯
	$u < f$	同侧 $v < 0$	放大	正立	虚像	放大镜、显微镜的目镜
凹透镜	在主光轴任意位置	同侧 $v < 0$	缩小	正立	虚像	近视眼镜

透镜成像规律,是几何光学仪器成像原理的基础,又是透镜成像公式导出的基础.透镜成像除了能直观地用作图法求出外,还可以用公式方便精确地计算.

三、透镜成像公式

如图 5-2-7 所示,用几何方法可导出透镜成像公式如下

$$\frac{1}{u} + \frac{1}{v} = \frac{1}{f} \qquad (5\text{-}2\text{-}1)$$

(5-2-1)式中,u 为物距,只取正值;v 为像距,实像取正值,虚像取负值;f 为焦距,凸透镜的焦距取正值,凹透镜的焦距取负值.

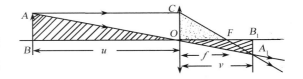

图 5-2-7　透镜成像公式原理图

像的放大率:像的长度和物的长度的比值.

$$K = \frac{L_{像}}{L_{物}} = \frac{A_1 B_1}{AB} = \frac{v}{u} \qquad (5\text{-}2\text{-}2)$$

(5-2-2)式中,v 和 u 只取正值.

例 5-2-2　有一凹透镜的焦距是 -1m,现将一物体放在透镜前 2m 处,求像的性质、像距和像的放大率.

解:$u = 2\text{m}$,$f = -1\text{m}$

根据 $\dfrac{1}{u} + \dfrac{1}{v} = \dfrac{1}{f}$ 得

$$v = \frac{uf}{u - f}$$

$$= \frac{2\text{m} \times (-1\text{m})}{2\text{m} - (-1\text{m})}$$

$$= -\frac{2}{3}\text{m}$$

$$= -0.67\text{m}$$

像的放大率:

$$K = \frac{v}{u}$$

$$= \frac{\frac{2}{3}}{2}$$

$$= \frac{1}{3}$$

$$= 0.33$$

答:所成的像是虚像,像距是 0.67m,像的放大率是 0.33.

透镜是光学仪器中用得最广泛的光学元件.这节课主要学习了透镜的分类、透镜对光的会聚和发散作用、透镜的焦度、透镜成像规律、透镜成像作图法和透镜的成像公式等.

小 结

目 标 检 测

1. 下列说法错误的是   (   )
   A. 焦度表示透镜会聚或发散光线的本领
   B. 凸透镜的焦点是实焦点,凹透镜的焦点是虚焦点
   C. 屈光度数值的 100 倍等于眼镜的度数
   D. 边缘比中央厚的透镜叫凸透镜,凸透镜具有会聚光线的作用

2. 下列光路正确的是   (   )
   A. 平行于主光轴的光线通过透镜后平行于主光轴
   B. 通过焦点的光线通过透镜后交于焦点
   C. 通过光心光线沿原直线方向前进,不改变方向
   D. 以上光路都错误

3. 有一透镜的焦距是 1m,现将一物体放在透镜前 1.5m 处,则像距是   (   )
   A. 1m   B. 1.5m   C. 2m   D. 3m

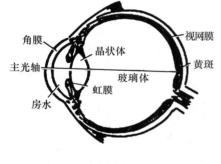

图 5-3-1

第 3 节 眼 睛

一、眼睛的光学结构

眼睛近似球状,是一个极复杂的光学系统,眼睛的剖面见图 5-3-1.

眼睛的光学系统可以简化为能调节焦距的凸透镜和代表视网膜的一个屏幕,生理学把这种简化后的眼睛叫做简约眼.

二、眼睛成像和眼的调节

(一) 眼睛成像

用眼睛观察的物体,总是在眼睛的光学系统——凸透镜的两倍焦距以外,从物体射出的光线进入眼睛,经眼睛折射后,在视网膜上生成倒立的、缩小的实像,刺激视网膜上的感光细胞,经视神经传给大脑产生视觉,看清物体(图 5-3-2).

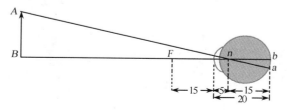

简约眼成像示意图

图 5-3-2

（二）眼的调节

眼睛能改变晶状体焦距的本领,叫做眼的调节.人看远近不同的物体时,可以靠睫状肌的收缩和松弛来改变晶状体的弯曲程度进行调节.如图 5-3-3 所示,当看近处物体时,睫状肌收缩,晶状体变凸,焦距变短,能使物体的像落在视网膜上;当看远处物体时,睫状肌松弛,晶状体变平,焦距变长,也能使物体的像落在视网膜上.

1. 远点和近点 眼睛的调节有两个极限,叫做远点和近点.眼睛不作调节时能看清楚的最远距离称为眼的远点.正常眼的远点在无穷远处,近视眼的远点就要近些.眼睛作最大调节能看清楚的最近距离称为眼的近点.近点随着年龄的不同而不同,近点与年龄的关系如图 5-3-4 所示.青年人正常眼睛的近点约为 10cm.

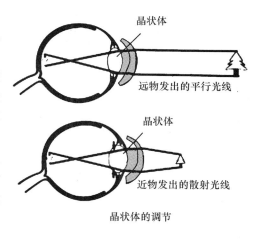

图 5-3-3

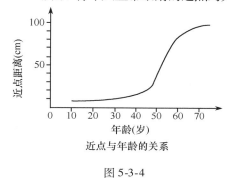

图 5-3-4

眼睛看近距离的物体时,因需要高度调节,眼睛容易感到疲劳.

2. 明视距离 正常眼睛习惯看且不易感到疲劳的距离称明视距离(d),$d = 25$cm. 当人们在阅读和工作时,书籍或工作物跟眼睛的距离,应该经常保持在明视距离处.

一个物体能不能被看清楚,跟物体在视网膜上的像的大小有关,像越大,受刺激的感光细胞越多,眼对物体的细微部分分辨得越清楚.而视网膜上像的大小决定于物体对眼的光心所张的角度.

奇妙的眼的调节

光线到达视网膜,必须穿过角膜、房水、晶状体、玻璃体 4 个不同密度的媒质.睫状体呈环状附着于角膜周边与巩膜移行处的内面,收缩时睫状环缩小.一方面减少睫状小带的牵拉使晶状体变厚,改变了其前后面的曲率,也改变了相邻的房水、玻璃体的界面形状.另一方面则影响角膜的周边,改变角膜的曲率.睫状肌的调节使折光系统 4 个结构都发生了改变,眼的调节灵敏而高效.当眼的自身调节功能不足时,可以配戴眼镜进行弥补.

三、视角与视力

（一）视角

物体两端对于人眼光心所引出的两条直线的夹角 α,叫做视角(图 5-3-5).视角越大,视网膜上的像越大,物体看得越清楚.

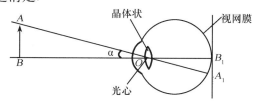

图 5-3-5

若视角 α 小于 1 分(1mm 长线段,置于眼前 5m 处的视角是 1 分),眼睛就把物体的两点误认为一点了.

眼睛能分辨的最小视角叫做眼的分辨本领.不同的眼睛所能分辨的最小视角不同,能分辨的最小视角越小,眼睛的分辨本领就越高,视力就越好;能分辨的最小视角越大,眼睛的分辨本领就越低,视力就越差.

(二) 视力

视力是表示眼睛的分辨本领的物理量.国际标准视力表采用小数记录法,即

$$视力 = \frac{1}{眼睛能分辨的最小视角为 \alpha} \tag{5-3-1}$$

1990 年 5 月 1 日起我国实行标准对数视力,采用 5 分记录法,用 L 表示,即

$$L = 5.0 - \lg\alpha \tag{5-3-2}$$

例 5-3-1 某眼睛能分辨的最小视角是 10 分,求其国际标准视力和国家标准对数视力.

解:$\alpha = 10$ 分

$$国际标准视力 = \frac{1}{\alpha}$$
$$= \frac{1}{10}$$
$$= 0.1$$

$$国家标准对数视力 L = 5.0 - \lg\alpha$$
$$= 5.0 - \lg10$$
$$= 5.0 - 1.0$$
$$= 4.0$$

答:国际标准视力是 0.1,国家标准对数视力是 4.0.

两种视力记录法的视力数值对照表如表 5-3-1.

表 5-3-1   两种视力记法的视力数值对照表

能分辨的最小视角(分)	国家标准对数视力	国际标准视力
10	4.0	0.1
7.943	4.1	0.12
6.310	4.2	0.15
5.012	4.3	0.2
3.981	4.4	0.25
3.162	4.5	0.3
2.512	4.6	0.4
1.995	4.7	0.5
1.585	4.8	0.6
1.259	4.9	0.8
1.0	5.0	1.0
0.794	5.1	1.2
0.631	5.2	1.5
1.501	5.3	2.0

4.0
(0.1)

4.1
(0.12)

4.2
(0.15)

四、异常眼及其矫正

眼球的形态或折光系统发生异常,致使平行光线不能在视网膜上会聚成像,称异常眼.常见异常眼有近视眼、远视眼和散光眼.

(一) 近视眼

眼不经调节时,平行射入眼睛的光线会聚于视网膜前称近视眼.

1. 原因　屈光性:晶状体折光本领太强;轴性:眼轴(角膜到视网膜的距离)太长.

2. 矫正 配戴凹透镜制成的眼镜(图 5-3-6). 高度近视者视力易疲劳,会有眼位外斜、视网膜萎缩变性、玻璃体液化混浊,易并发视网膜脱离,致盲. 高度近视与遗传有关,但多数近视眼是由于不注意用眼卫生所致,如较长时间连续近距离用眼、光照亮度过强或过弱、姿势不正确等.

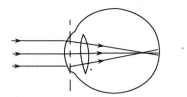
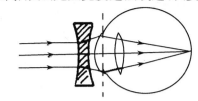

近视眼及其矫正

图 5-3-6

(二) 远视眼

平行射入眼睛的光线会聚于视网膜后,称远视眼.

1. 原因 屈光性:晶状体折光本领太弱;轴性:眼轴太短.

2. 矫正 配戴凸透镜制成的眼镜(图 5-3-7).

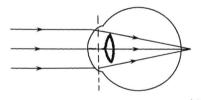
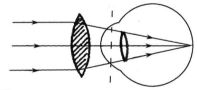

远视眼及其矫正

图 5-3-7

(三) 散光眼

进入眼睛不同方位的光线,不能同时会聚在视网膜上,称散光眼.

1. 原因 角膜和晶状体先天发育异常或病变,使角膜和晶状体不同方位的率曲半径不相同,使进入眼睛不同方位的光线,不能同时会聚在视网膜上,造成视物模糊不清.

2. 矫正 配戴柱形透镜制成的眼镜(图 5-3-8).

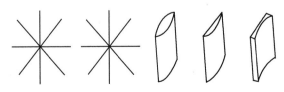

散光眼及其矫正

图 5-3-8

这节课主要学习了眼睛的光学结构、眼睛成像与眼的调节、近点、远点、明视距离、视力,学习了异常眼(近视眼、远视眼和散光眼)及其矫正方法.

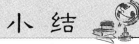

1. 下列说法错误的是 ( )
   A. 眼睛的光学系统可简化为能调节焦距的凸透镜和代表视网膜的一个屏幕
   B. 眼睛能改变晶状体焦距的本领,叫做眼的调节
   C. 青年人正常眼睛的近点约为10cm
   D. 正常眼睛的明视距离是无限远处

2. 下列说法错误的是 ( )
   A. 物体两端对于人眼光心所引出的两条直线的夹角 α,叫做视角
   B. 视角就叫做视力
   C. 眼睛能分辨的最小视角叫做眼的分辨本领
   D. 某同学眼睛能分辨的最小视角是10分,其国际标准视力是0.1

第 4 节 光 学 仪 器

光学仪器的种类很多,应用很广. 成像的光学仪器分实像光学仪器和虚像光学仪器,实像光学仪器有照相机与各类投影机等,虚像的光学仪器(又称助视光学仪器)有显微镜、放大镜、望远镜等.

一、放 大 镜

(一) 结构

为了增大视角,可以在眼睛前放一块凸透镜,这样使用的凸透镜叫做放大镜.

(二) 成像原理

利用放大镜观察物体时,通常是把物体放在它的焦点以内,靠近焦点处,使通过放大镜的光线成近平行光束进入眼内,这样眼睛就可以不必加以调节,便在视网膜上得到清晰的像. 放大镜所成的像是正立放大的虚像(图5-4-1).

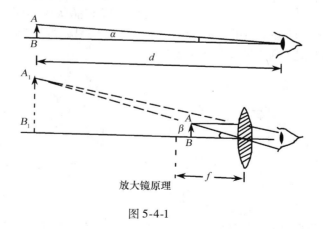

放大镜原理

图 5-4-1

(三) 角放大率 M

$$M = \frac{\beta}{\alpha}$$

 实际上 β、α 都很小,可用正切值代替弧度值. 即

$$M = \frac{\mathrm{tg}\beta}{\mathrm{tg}\alpha} = \frac{\dfrac{AB}{f}}{\dfrac{AB}{d}} = \frac{d}{f}$$

$$M = \frac{25\,\mathrm{cm}}{f} \tag{5-4-1}$$

通常用的放大镜,焦距约从 10cm ~ 1cm,放大率约为 2.5 倍至 25 倍.观察非常细微的物体,这个放大倍数远远不够.

二、显　微　镜

显微镜是用来观察非常微细的物体及结构的精密光学仪器.

(一) 结构

最简单的显微镜的光学结构是由一个物镜和一个目镜组成,两镜共一主光轴.目镜的焦距很短,物镜的焦距更短.

(二) 成像原理

微细物体 AB 调节到物镜焦点之外,且十分靠近物镜焦点的位置,在 AB 的异侧生成一个倒立、放大的实像 A_1B_1,并使 A_1B_1 位于目镜的焦点以内,且十分靠近目镜焦点的位置. A_1B_1 作为目镜的物体,经目镜生成一个正立、放大的虚像 A_2B_2 于眼睛的明视距离处. A_2B_2 就是物体 AB 经过两次放大后的像(图 5-4-2).

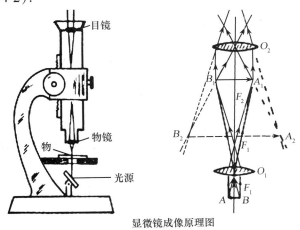

显微镜成像原理图

图 5-4-2

(三) 放大率

经推导得出显微镜的放大率

$$M_{显} = K_{物} M_{目} \tag{5-4-2}$$

$$M_{显} = \frac{dL}{f_{物} f_{目}} \tag{5-4-3}$$

(5-4-2)式表明,显微镜的放大率等于物镜的像的放大率和目镜的角的放大率的乘积. (5-4-3)式表明普通显微镜的放大率 $M_{显}$ 与 $L \sqrt{f_{物}} \sqrt{f_{目}}$ 有关,一般普通显微镜的镜筒长为 16cm 左右, $f_{物}$、 $f_{目}$ 愈小,显微镜的放大倍数愈大.

例 5-4-1　一显微镜的镜筒长 16cm,目镜焦距 2cm,显微镜的放大率是 400 倍,求物镜的焦距.

解:$L = 16cm, f_目 = 2cm, M_显 = 400$

根据 $M_显 = \dfrac{dL}{f_目 f_物}$ 得

$$f_物 = \dfrac{dL}{f_目 M_显}$$
$$= \dfrac{25cm \times 16cm}{2cm \times 400}$$
$$= 0.5cm$$

答:物镜的焦距是 0.5cm.

一般光学显微镜的放大率有 1000 倍就足够了.若用紫外线来代替可见光,放大率可提高到 2000 倍.利用电子射线来代替可见光,放大率则将大大提高.

三、纤　维　镜

(一) 光导纤维内镜

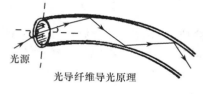

光源

光导纤维导光原理

图 5-4-3

将玻璃(或石英等)拉得很细后可变成柔而刚的光导纤维丝.这种光导纤维丝比头发还细得很多,每根纤维丝分内外两层,内芯为光密介质,包层为光疏介质.若光线以一定的投射角 φ 从一端射入,只要使光线射到纤维壁的入射角 φ 大于内芯光密介质的临界角,就会产生全反射,则光线在内外层界面上经过多次全反射后沿着弯曲路径传到另一端(图 5-4-3).

如果把许多光导纤维并成一束,几万根直径在 20μm 以下的光导纤维两端严格按一定顺序作有序排列,就可以用来传光导像(图 5-4-4).

光导纤维传像的原理是由本身特性和结构所决定的.①在理想情况下,每根光导纤维都有良好的光学绝缘,能独立导光,而不受周围光导纤维干扰.②每根光导纤维其端面都可以看做是一个取样器.③由光导纤维组成的光导纤维束,端面是一一对应排列,每根光学纤维的两个端面几何位置完全一致.

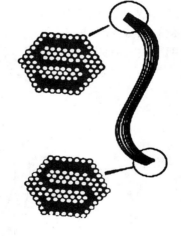

图 5-4-4

由于光导纤维具有上述特性,因此,当一个图像入射在光导纤维束端面上时,通过每根光导纤维对像元的传递,整个入射图像就被从一端传到光导纤维束的另一端且保持图像不变.医学上利用这个原理,把光导纤维制成观察内脏的纤维镜——内镜.

(二) 医用内镜的作用

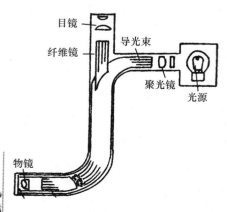

目镜

导光束

纤维镜

聚光镜

光源

物镜

医用内镜的作用:①导光:即把外部光源发出的光束导入内部器官内.②导像:即把内部器官腔壁的像导出体外,通过清晰的图像观察细小的病变.利用外部强冷光源,还能进行彩色摄影或彩色电视摄像,对病位做动态记录(图 5-4-5).

目前用光导纤维制成的胃镜、膀胱镜、食管镜、子宫镜等广泛地应用在临床诊断上.随着科学技术的发展,用于结肠、十二指肠及血管、肾脏和胆道等的内镜也相继问世.内镜目前已发展成为具有与 X 射线诊断仪器、电子诊断仪器同等重要的现代化诊断仪器,各类内镜将为医学事业的发展开辟新途径.

笔记栏

图 5-4-5　内镜导光导像示意图

四、照 相 机

很久以前,人们根据针孔成像的光学知识,制作了针孔照相机.从1822年世界上制成第一台照相机到今天,照相机已经发展成为种类繁多、技术先进的光学仪器.

(一) 照相机的结构

照相机有镜头、光圈、快门、取景器、测距器、机身、卷片装置、自拍装置和闪光连动装置等部件.

1. 镜头 照相机的镜头一般由三四片或七八片透镜组成复式镜头.具有镜面广,成像清晰的优点.镜头是照相机的"眼睛",是照相机的关键部件,安装在机身前端.

2. 快门 是控制光线在感光片上停留的时间的一种计时装置,以秒为计算单位.快门分"B"、"T"两种:B门在按动快门钮时就开,抬手就关;T门开启后,还要按第二次快门或转动下张片子才能关闭.拍摄时,凡需要1s以上曝光时间的,就需使用这样的具有两级快门的照相机.

3. 取景器 是用来选取景物、快速构图的装置,它的视角和镜头的视角一致.常见的取景器分框式和反射式两种.

(1)框式取景器:由前后两个大小不一的框架构成.大框在机身前面,面积与片的大小相同,称为接物孔.小框在机身后,距离大框的尺寸相当于镜头的焦距,称为接目孔.它通过框子直接取景,所以有不改变景物大小、形状等优点.

(2)反射式取景器:一般都安装在照相机的上端.在照相机的腹腔装有一面镀银的反光镜,与镜头成45°角,通过它把影像反射到上面的磨砂玻璃上,可以清晰地看到景物,以便取景.

4. 卷片装置 是照相机里传送感光片的机构.拍摄者只要转动轴钮或轴把,便能把装在机内的感光片卷过去,一张一张地按顺序拍摄.若卷片装置失灵,就会造成快门钮按不动,或出现感光片空拍、重叠等现象.现在的照相机一般都是卷片与快门连动,可以避免重拍现象.有些照相机还附有重复感光装置,在同一张底片上可重复感光.

5. 自拍装置 有些照相机装了自拍装置,把快门钮按动后,可以从容不迫地走到预定地点进行自拍.

6. 闪光连动装置 是照相机上使用闪光和快门连动的装置.是用电线、插座把照相机与闪光灯连接起来的,按快门钮后,照相机插座内的接触点即刻把线路接通,在开启快门的同时,引起闪光.

(二) 照相机的原理

照相机的基本部件主要是镜头、光圈、快门和底片.照相机的镜头相当一个凸透镜的作用,远处物体经凸透镜成像于底片上感光,生成一个倒立的、缩小的实像,经过一定时间的曝光,在感光片上留下潜像(图5-4-6).

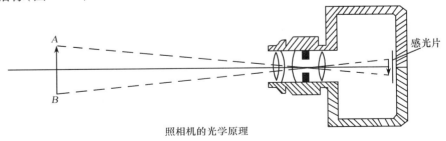

照相机的光学原理

图 5-4-6

光圈的大小可经调节,光圈指数一般有 2、2.8、4、5.6、8、11、16、22,光圈指数刻在光圈环上.光圈系数越大,通过镜头的光通量越少.后一档光圈通过的光是前一档的一半.

快门是一种开合的部件,是用来控制底片的曝光时间.快门一般有 1、2、4、8、15、30、60、125、300、1000 等档,分别表示曝光时间是 1s、1/2s、1/4s、1/8s、1/15s、1/30 s、1/60s、1/125s、1/300s、1/1000s 等.可见,快门数越大,曝光时间越短.

光圈数和快门数相配合,可以使底片得到恰当的曝光量,使拍摄的效果良好.

对准景物调焦是调节镜头与底片的距离,使景物在底片上形成清晰的像.照相机的镜头调焦环上刻有物距标尺的米数值,一般有 0.8、1、2.5、3、4、5、10、∝.

照相机是精密光学仪器,使用时应先仔细阅读使用说明书,掌握其性能和使用方法.

这节课学习了放大镜、显微镜、纤维镜(内镜)、照相机等光学仪器,了解了它们的结构、成像原理和使用方法.

  小　结

 目标检测

1. 下列说法错误的是　　　　　　　　　　　　　　　　　　　　　　　　　　　　（　　）

　　A. 凸透镜叫放大镜

　　B. 为了增大视角,可以在眼睛前放一凸透镜,这样使用的凸透镜叫做放大镜

　　C. 最简单的显微镜的光学结构是由一个物镜和一个目镜组成

　　D. 医用内镜的作用是传光导像

2. 一显微镜镜筒长 16cm,目镜焦距 2cm,显微镜的放大率 400 倍,则物镜的焦距是　　（　　）

　　A. 4cm　　　　　　B. 2cm　　　　　　C. 0.5cm　　　　　　D. 3cm

（王延康）

第 6 章 原子和原子核

学 习 目 标

1. 了解原子核的结构、玻尔假设、原子能级和原子发光原理、X射线量和质的含义、核磁共振成像及其医学应用
2. 了解激光、X射线的特性,在医学上的主要应用,对人体健康的危害及防护措施
3. 了解α、β、γ三种放射线的本质和特性,放射性原子核的衰变规律
4. 了解放射性元素半衰期、核衰变的位移定则、示踪原子作用及诊断原理

第 1 节　原子结构　玻尔理论

一、原子的核式结构

20 世纪初,英国物理学家卢瑟福(1871～1937)和他的同事们根据α粒子的散射实验,得出了原子的核式结构模型.

原子是由带正电荷的原子核和绕核旋转的带负电荷的电子组成.原子核的半径不到原子半径的万分之一(原子半径 $r_0 = 0.925 \times 10^{-10}$m,原子核半径只有它的 $1/10^5 \sim 1/10^4$),原子核位于原子中心,只占原子体积的极小部分,但集中了原子的全部正电和几乎全部原子的质量.原子核的正电荷数等于核外的电子数,正常情况下整个原子呈中性.

二、玻尔原子理论

1913 年,丹麦物理学家玻尔(1885—1962)在卢瑟福学说的基础上,根据普朗克(1858—1947)的量子理论,提出了玻尔原子理论,其主要内容:

(1)原子核外电子只能在一系列不连续的,即量子化的可能轨道上绕核旋转.原子只能处在不连续的分立的能量状态中,这些状态叫定态.

科学研究的方法

科学研究的方法可以简单地概括为实验、解释实验的模型、再实验、修改模型.这样的过程是循环往复没有终结的.世界是复杂的,我们对之所做的所有结论都是近似的,我们只能使这种近似的精确度日益增加,但永远做不出什么"真正"的我们称之为"真理"的结论.原子模型的建立也说明这一点.1903年,汤姆孙提出葡萄干面包模型,他认为正电荷均匀地分布于整个球体,电子稀疏地嵌在球体中.同年,冈半太郎提出土星型模型,他认为正负电荷不能相互渗透,围绕带正电的核心有电子环转动的原子模型.一直到1912年卢瑟福的核式结构模型,才使我们对自然的认识更接近于物理真实.

（2）电子在定态轨道上运动,不向外辐射能量,能量状态不变.在不同的定态轨道上运动,原子能量状态不同.

玻尔是丹麦物理学家.1885年10月7日出生于哥本哈根,他原先读法学,1903年在哥本哈根大学读物理,1911年发表用电子论去解释金属性质的论文,并获博士学位.同年,去英国剑桥卡文迪许实验室工作,在汤姆孙手下学习与研究.1912年春到曼彻斯特,在卢瑟福实验室工作.1913年回国,1914年任哥本哈根大学物理教授.从1920年起,他是新成立的哥本哈根理论物理研究所的所长.

玻尔是一位伟大的科学家和优秀的教育家.他提出的氢原子结构和氢原子光谱理论,奠定了原子物理学基础.1962年11月18日他在卡尔斯堡寓所逝世.

（3）原子从一种能量状态 E_2 跃迁到另一种能量状态 E_1 时,辐射或吸收一定频率的光子,光子的频率是由两种状态的能量差决定,即

$$h\nu = E_2 - E_1 \qquad\qquad (6\text{-}1\text{-}1)$$

其中,h 叫普朗克恒量,$h = 6.626\ 176 \times 10^{-34}$J · s.

三、原子能级和原子发光原理

（一）原子能级

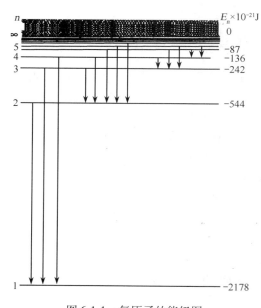

图 6-1-1　氢原子的能级图

根据玻尔理论,电子在不同的轨道上运动,原子具有不同的能量,或者说原子处在不同的能量状态.我们把原子所处的能量状态叫能级.在正常状态下,原子处于能级的最低状态,此时原子的状态最稳定,这一状态叫做基态.如氢原子核外的唯一一个电子在正常状态下总是在最靠近核的第一轨道上运动（第一轨道半径 $r_0 = 0.529 \times 10^{-10}$ m）,所以氢原子才最稳定.

如果给物体施以光照或加热等外界作用,原子在接收外来的一定能量的光子（$h\nu$）后,可由基态跃迁到较高的能级上,这时我们称原子处于激发态,又叫做受激态.

当原子从基态或较低能级状态向较高的能级状态跃迁时,是吸收外界能量的过程,吸收的能量:$E_2 - E_1 = h\nu$,ν 是吸收的光子的频率.

当原子从较高的能级状态跃迁到较低的能级状态或基态时,是放出能量的过程.放出的能量是:$E_2 - E_1 = h\nu$,ν 是放出的光子的频率.

图 6-1-1 是氢原子的能级图,通过能级图可以计算出氢原子发光的频率,符合氢原子光谱的规律.

（二）原子自然发光的原理

原子一般容易自发地从较高能级状态向较低能级状态跃迁,并向外辐射能量,放出频率是 $\nu = (E_2 - E_1)/h$ 的光子,这就是原子自发辐射的发光原理.自发辐射发出自然光,如电灯的发光等.

笔记栏

(三) 原子光谱的原理

根据玻尔理论,由(6-1-1)式得 $\nu = (E_2 - E_1)/h$,又根据波长、波速、频率三者的关系,有

$$\lambda = \frac{hc}{E_2 - E_1} \tag{6-1-2}$$

因为原子中任一轨道都有确定的能量,相同原子受相同的激发就产生相同波长的光谱;不同原子就会产生不同波长的光谱线.

可见,光谱线的波长完全决定于原子结构,与原子结构一一相对应,这就是原子光谱的产生和光谱分析的简单原理.

这节课学习了原子的核式结构、玻尔原子理论,原子能级和原子发光原理.玻尔在卢瑟福学说的基础上,根据普朗克的量子理论,提出了玻尔原子理论:电子在不同的轨道上运动,原子具有不同的能量,当原子从低能级状态向高能级状态跃迁时,吸收能量,当原子从高能级状态跃迁到低能级状态时,放出能量.吸收(或放出)的能量是 $\Delta E = h\nu$.

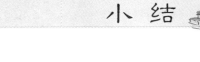

1. 原子是由带正电荷的_____和绕核旋转的带负电荷的_____组成;原子核的正电荷数_____(填等于、多于或少于)核外的电子数,正常情况下整个原子呈中性.

2. 原子从一种能量状态 E_2 跃迁到另一种能量状态 E_1 时,辐射或吸收一定频率的光子,光子的频率 $\nu =$ _____.

3. 下列说法错误的是 ( )

   A. 原子只能处在不连续的分立的能量状态中,这些状态叫定态

   B. 在正常状态下,原子处于能级的最低状态,此时原子的状态最稳定

   C. 当原子从较低能级状态向较高的能级状态跃迁时,是吸收外界能量的过程

   D. 原子一般容易自发地从较低能级状态向较高能级状态跃迁,并向外辐射能量

4. 电子从氢的 $n = 2$ 轨道($E_2 = -3.4\text{eV}$)跃迁到 $n = 1$ 轨道($E_1 = -13.6\text{eV}$)时,辐射的能量是多少电子伏特?

第2节 激 光

一、激光的产生

激光是20世纪60年代出现的重大科技成果之一,它的出现标志着人类对光的掌握和利用进入了一个崭新的阶段.激光的特点是亮度高、方向性好、单色性好、相干性好,是其他光源发射的光所不能相比的.所以,它一出现,发展很快,应用很广,已渗透到国防、工业、农业、医学和科学研究等部门,正为开拓新技术、新领域而大放光彩.

激光史话

梅曼是美国加利福尼亚州休斯航空公司实验室的研究员.1960年7月,他在休斯空军试验室进行了人造激光试验,诞生了世界上第一台激光机——红宝石激光器.不久氦氖激光器也研制成功.我国于1961年研制出第一台激光器.40多年来,激光家族有着迅猛的增长.现在有各种不同形状、不同材料的激光器,可以产生出不同功率、不同波长的激光.这些激光的范围包含从可见光至X射线的所有区域.激光技术与应用发展迅猛,已与多个学科相结合形成多个应用技术领域,比如激光医疗、激光加工、激光雷达、激光全息技术等.这些交叉技术与学科的出现,大大地推动了传统产业和新兴产业的发展.

链接

原子发光有自发辐射和受激辐射两种.原子处于高能级时是不稳定的,一般存在的时间很短(例如 $10^{-8}s$),总力图向低能级跃迁.

像这种原子在没有外界作用的影响下,处于高能级的电子会自发地向低能级跃迁,同时辐射出一个光子的过程叫做自发辐射.普通光源如白炽灯、日光灯等发出的自然光,其发光过程都是自发辐射.某些原子当激发到某些高能级(E_2)时,存在的时间(例如 $10^{-3}s$)比在一般高能级($10^{-8}s$)上长,因而比较稳定.如果它恰好受到能量 $h\nu = E_2 - E_1$ 的外来光子的作用(或者说感应),原子就会发射出一个同样的光子而跃迁到低能级(E_1)上去,这种发光过程叫做受激辐射.

受激辐射时发射出来的光子与外来光子的频率、发射方向、偏振方向等均相同.这样,由于一个外来光子引起受激辐射而变成了两个相同的光子,如果这两个光子在介质中传播时,再引起其他原子发生受激辐射,像滚雪球似的,会产生越来越多的相同光子,使光得到加强,或者说光被放大了(图6-2-1).

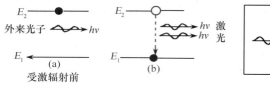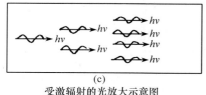

图 6-2-1

图 6-2-2

由于受激辐射而得到加强(放大)的光叫做激光.采取适当的方法和装置,便能使受激辐射持续下去形成稳定的激光.产生激光的装置叫做激光器.图6-2-2是世界第一台激光器及其发明者梅曼.

现在制成的激光器有数百种之多.按工作物质物态的不同,可分为固体激光器、液体激光器、气体激光器、半导体激光器等,按工作方式的不同,可分为连续激光器和脉冲激光器,前者连续输出激光,后者则以脉冲方式输出.

表6-2-1列出了在医学上常用的几种激光器.

表6-2-1　常用医用激光器及用途

类别	性能	工作方式	输出能量或功率	主要医学用途
固体激光器	红宝石	脉冲	0.05~500J	用于眼科、凝结、气化
	钕玻璃	脉冲	0.1~1000J	用于眼科(低能量)、肿瘤(高能量)
	掺钕钇铝石榴石	连续、脉冲	30~100W	用于外科激光刀、照射
气体激光器	二氧化碳	连续	15~300W	用于皮肤科、妇产科、内科、骨科、肿瘤、照射、烧灼
	氦氖	连续	1~70mW	用于光针、外科、皮肤科、妇产科、照射、全息照相
	氦镉	连续	9~12mW	用于体腔表面、肿瘤、荧光诊断
	氩离子	连续	0.5~10W	用于眼科、外科激光刀、光针、全息照相
	氮	脉冲	0.1~1mJ	用于五官科、皮肤科照射和诊断

续表

类别	性能	工作方式	输出能量或功率	主要医学用途
液体激光器	无机氧化磷	脉冲	80MW	照射、气化
	有机染料	脉冲	200MW	照射、气化
半导体激光器	砷化镓	脉冲	$0.5\sim1.5$MW	照射、气化

二、激光的特性

激光与一般光源发出的光相比较,具有以下特性:

(一) 方向性好

激光是非常好的平行光源.普通光源的一束光照射出去,扩散很厉害,如用探照灯的光照射到月球上去,光束的直径要扩散到几千千米.而一束平行激光照射出去,只有极轻微的扩散,它能从地球发射到月球上(约38万千米)后再反射回来被探测到.激光还能会聚成小于$1\mu m$的光斑,能方便地对组织细胞施行切割和焊接手术.

(二) 单色性好

激光的波长范围很小,即频率宽度很窄.以前单色性最好的是氪灯,谱线宽度约5×10^{-4}nm.而氦氖激光器产生的激光,谱线宽度小于10^{-9}nm,即单色性比氪灯的光高10万倍,是精密测量和精密仪器的理想光源.

(三) 亮度高

一台数毫瓦氦氖激光器发出的激光,它的亮度比太阳光的亮度高数百倍.如果会聚强大的激光束照射物体,可以使被照部分在1/1000s内产生几千万度的高温.在极短暂时间内能使组织凝结、碳化、气化,这是激光手术的基本机制.

(四) 相干性好

激光是电磁波,在传播中,空间相遇的某一点会产生加强或减弱的明显叠加现象(叫相干性).由于相位差一定,使相干性非常好,由此发展起来的激光全息技术,在医学上已广泛应用于牙科、眼科、肿瘤科等.

三、激光在医学上的应用

(一) 激光理疗

激光理疗主要有扩束照射和激光针灸两类.

1. 扩束照射　把激光进行扩束,使激光密度减少,对人体组织不产生强烈的破坏作用.用这样的激光照射有镇痛、消肿、止痒、促进创面愈合等作用.对骨关节炎、纤维组织炎、皮炎、疖肿、湿疹等疗效很好.

2. 激光针灸　利用激光进行穴位照射,把聚集的激光束的小光点,照射到人体的穴位上会产生较强的"针感",既给穴位一定的能量有"灸"的作用,又给穴位以刺激有"针"的作用.利用激光针灸作用可以治疗传统针灸所能治疗的一切疾病,且激光针灸具有安全、无痛、疗效高等优点.

(二) 激光刀手术治疗

由于激光束可以产生高温高压,在很短的时间内可使组织凝结、烧灼、碳化、气化等,可以进行各种手术.

1. 凝固和封闭手术   激光能量集中,能使被照组织变成凝胶状态、结痂,对组织进行凝固和封闭,阻塞和封闭血管及淋巴管,可用于治疗血管瘤和淋巴瘤.眼科用激光焊接视网膜脱离、视网膜裂孔封闭,是理想的手术治疗方法.

激光除了在医学上,还在其他领域被广泛应用.在工业上,激光被用于多种特殊的非接触加工,如打孔、焊接、切割等;在通讯方面,我国已广泛地采用光缆传输电信号,激光通讯具有信息容量大、通讯距离远、保密性高和抗干扰性强的优点;在计量科学上,激光被用来对微小长度、角度等进行精密测量;在军事上,我国激光雷达和激光武器的研制已取得了不少进展;除此之外,激光全息技术以发展成一门专门的学科.

2. 切割和分离手术   激光在外科手术叫激光刀,用激光刀可以进行各种手术.用激光对组织进行切割分离时间短,破坏小,出血少,切口愈合平滑整齐,操作简便,疗效好.目前,常用大功率的 CO_2 激光器作外科激光刀.利用激光刀进行肿瘤切除时,因激光能够封闭中小血管和淋巴管,从而防止了肿瘤细胞通过它们的转移.此外,激光手术刀还具有手术时间短、手术视野清晰、精确度高、操作方便、术后反应轻、副作用少等优点.

3. 烧灼和止血手术   中等功率的激光照射点温度高,在临床上激光是一种很好的烧灼工具.临床上利用激光烧灼法对慢性鼻甲部分烧灼,对慢性扁桃体炎病人的扁桃体实行灼除.激光照排聚焦烧灼对小而深色的血管瘤、疣状症、色素痣皮肤病有满意疗效.激光的止血效果在临床上也较为满意.激光止血比常规的电灼法止血失血量大大减小,而且止血速度快.临床上对顽固性鼻出血病人进行激光止血治疗,效果很好.

激光武器

光的速度为30万千米/秒,所以激光武器的速度是其他武器所无法比拟的.激光枪号称20世纪的无声枪,可使对方士兵双目失明.激光炮,它能量大命中率高,可轻易击中敌方坦克、飞机、导弹,甚至卫星.美国在白沙导弹试验场,用功率最大的默兰克尔激光炮对赫赫有名的大力神导弹发射,不到2秒,大力神导弹就"折戟沉沙".此外,激光产品已成为现代武器的"眼睛",光电子军事装备必将改变21世纪战争的格局.

4. 对组织气化手术   用大功率的 CO_2 激光器产生激光,使病变组织立即气化,使大块组织蒸发消融,愈合快,不影响周围组织功能.临床上,可以用激光融解气化治疗的疾病有:表浅局限性毛细管肿瘤、色素瘤、疣状新生物、乳头状瘤、瘢痕疙瘩、炎性肉芽组织和小肿块、表浅血管纤维瘤等.

5. 眼科手术   激光问世以后,首先在眼科应用.世界各国用激光器做视网膜脱离手术成功率已达 80% 以上,利用激光治疗眼病只几毫秒内就可完成其过去认为难度大的手术.应用激光可治眼内炎、糖尿病视网膜病变、青光眼、近视眼、眼底血管瘤等.

6. 激光对肿瘤的手术治疗   激光对肿瘤的手术治疗,其突出优点是副作用小,能保证手术伤口不发生肿瘤细胞转移,复发隐患少.

激光在医学上的作用越来越被重视.可以断言,激光-CT不久将会问世,这将为医学的发展开辟新的途径.

笔记栏

四、激光的危害和防护

激光对人是有危害的,主要是眼伤害,所以应采取防护措施:一方面要戴防护眼镜(图6-2-3);另一方面应提高室内照明度,使医务人员瞳孔缩小,减少激光的进光量.同时,为了减少激光的反射,室内不能有金属物品,包括手表.

激光防护眼镜

图 6-2-3

　　这节课主要学习了激光产生的原理、特性及其在医学上的应用,了解了原子发光有自发辐射和受激辐射两种,由于受激辐射而得到加强(放大)的光叫做激光.激光具有方向性好、单色性好、亮度高、相干性好等特性.激光在医学上有广泛的应用,如激光理疗、激光刀手术治疗等.

小　结

1. 原子发光有_____辐射和_____辐射两种;由于受激辐射而得到加强的光叫_____;激光的特性有_____、_____、_____和相干性.
2. 戴防护眼镜、提高室内照明度、室内不摆放金属物品等都是防护_____的有效措施.
3. 下列说法错误的是　　　　　　　　　　　　　　　　　　　　　　　　　　　(　　)
   A. 普通光源如白炽灯、日光灯等发出的自然光,其发光过程都是受激辐射
   B. 利用激光针灸作用可以治疗传统针灸所能治疗的一切疾病,且激光针灸具有安全、无痛、疗效高等优点
   C. 应用激光可治糖尿病视网膜病变、青光眼、近视眼、眼底血管瘤等
   D. 激光对人是有危害的,主要是眼伤害

第 3 节　X　射　线

1895 年 11 月,德国物理学家伦琴在实验中发现了一种射线,它不但可以穿透纸板、木板、衣服和厚书,还可以穿透手掌,而将骨骼的影像显示在荧光板上.这种射线称 X 射线,俗名 X 线.后来人们为了纪念伦琴,称它为伦琴射线.由于这一重大发现,1901 年,伦琴获得全世界首次颁发的诺贝尔物理学奖.

X 射线发现后首先用于医学.医生看不到、摸不着的内脏器官,经 X 射线透视、照片和特殊造影后便可观察到其形态、运动功能等,从而可知其正常或异常,为早期发现、早期诊断疾病提供了一种崭新的、有效的工具,使人们在新的认识基础上,重新建立了解剖学、生理学和病理学

的新概念. 近30年来, X 射线诊断疾病的技术发展迅速, 先后问世了 X 线 CT 扫描、数字化放射摄影等, 以及与之配套的设备等新技术、新设施, 并在此基础上发展成为现代医学影像学.

一、X 射线的产生

通常用高速电子流轰击某些物质时产生 X 射线, 因此, X 射线的产生必须具备两个条件: 一是高速度运动的电子流; 二是用适当的障碍物来阻止电子的运动.

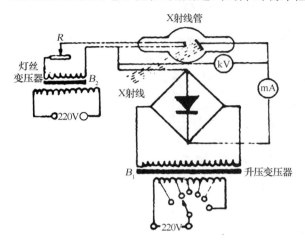

图 6-3-1　X 射线机原理线路图

X 射线的产生装置, 叫做 X 射线机. 主要由 X 射线管、高压电源和低压电源组成. 如图 6-3-1 所示.

X 射线管有两个电极: 阴极(灯丝)和阳极. 阴极由钨制成, 通电炽热后能释放电子. 灯丝的电流越大, 温度越高, 单位时间内放出的电子数就越多; 阳极是用重金属钨(W)或铂(Pt)制成的, 它是高速电子轰击的靶子, 叫做阳靶. 阴极和阳极同时都封闭在高度真空的玻璃管内.

在阴极和阳极之间加上几万到几十万伏直流高压, 这个电压叫做管电压, 以千伏(kV)作单位.

通过 X 射线管的电流叫做管电流, 它是由热电子从阴极奔向阳靶而形成的, 用毫安(mA)作单位.

当阴极灯丝炽热后(在阴极和阳极之间加上直流高压), 这时从灯丝所发出来的电子就在强大电场力的作用下, 高速飞向阳极(轰击在阳靶上), 它突然受到阻碍而急剧地减速, 其动能将有一部分转化为光子向外辐射, 辐射出来的光子流就是 X 射线.

二、X 射线的特性

X 射线是波长很短的电磁波, 波长范围约在 $10^{-13} \sim 10^{-7}$ m 之间. 它以光的速度沿直线传播, 能发生反射、折射等现象. 在电磁波辐射谱中, 居 γ 射线和紫外线之间, 肉眼看不见.

除上述一般物理性质外, X 射线还具有以下几方面特性:

X 射线的发现

　　1894 年, 实验物理学家勒纳德在放电管的玻璃壁上开了一个薄铝窗, 成功地使阴极射线射出管外. 1895 年 11 月, 德国大学教授伦琴在放电管实验中发现另一种现象. 一次他在暗室中做放电实验, 他用黑色硬纸把放电管包起来, 无意中发现放在一段距离外的涂有一种荧光材料的纸屏竟发出微弱的荧光, 他马上仔细观察, 肯定激发这种荧光的东西来自放电管, 但同时肯定这种东西不可能是阴极射线, 因为后者透不出玻璃管. 伦琴就称这种看不见的东西为 X 射线. 经过连续 7 个星期的紧张研究, 他在年底写出了关于 X 射线性质、产生原因的论文. 论文轰动了科学界, 大家奔走相告, 许多实验室纷纷重复这一实验. 3 个月后, 维也纳医院在外科治疗中便首次应用 X 射线摄片.

(一) 穿透本领强

X 射线波长很短, 具有很强的穿透力, 能穿透一般可见光不能穿透的各种不同密度物质, 在穿透过程中会受到一定程度的吸收. X 射线的穿透力与 X 射线管电压密切相关, 管电压高, 产生的 X 射线的波长短, 穿透力强. 反之, 管电压愈低, 产生的 X 射线波长越长, 则穿透力越弱. X 射线对低原子序数的元素构成的物质,如空气、水、纤维、肌肉等穿透性强,对高原子序数的元素构成的物质,如铅、骨骼等穿透性弱.其穿透力还与被照物体的密度和厚度等因素有关.

(二) 荧光效应

X 射线能激发荧光物质(如硫化锌、铂氰化钡及钨酸钙等),产生肉眼可见的荧光.即 X 射线作用于荧光物质时,使波长短的 X 射线转换成波长较长的荧光,这种转换叫做荧光效应.这一特性是进行透视检查的基础.

(三) 光化学作用

涂有溴化银的胶片经 X 射线照射后,可以感光,产生潜影,经显、定影处理后,感光的银离子(Ag^+)被还原成金属银(Ag),并沉淀于胶片的胶膜内.此金属银的微粒,在胶片上呈黑色.而未感光的溴化银在定影及冲洗过程中,从 X 射线胶片上被洗掉,因而显出胶片基的透明色.依金属银沉淀的多少,便产生了黑和白的影像.所以,光化学作用是 X 射线摄影的基础.

(四) 电离作用

当 X 射线通过任何物质而被吸收时,都将产生电离作用,使组成物质的分子分解成为正负离子.X 射线通过空气时,可使空气产生正负离子而成为导电体.因为空气的电离程度,即其所产生的正负离子量同空气所吸收的 X 射线量成正比,所以,医学上常常利用 X 射线所产生的电离作用来测量它的存在和强弱,并用以治疗某些疾病.

(五) 生物效应

X 射线射过机体而被吸收时,就同体内物质产生相互作用,使体液和细胞内引起一系列的化学变化,使机体和细胞产生生理和生物方面的改变.X 射线对机体的生物效应是用以作放射治疗的基本原理.生物细胞经过一定量的 X 射线照射后,会受到损害、抑制甚至坏死.但是人体不同的组织对于 X 射线的敏感性不同,受到损害的程度也不一样.对那些敏感性较高的细胞,如正在分裂的癌细胞,受损程度就比较强,因而对于癌病变进行一定量的 X 线照射,早期有明显的疗效.

三、X 射线的量与质

在医学诊断和治疗中,了解 X 射线的量和质是很重要的.

(一) X 射线的强度

在医学中,常用管电流和照射时间的乘积来反映 X 射线的量,它反映了 X 射线的强度,单位为毫安·秒(mA·s).管电流越大,则单位时间内轰击阳靶的电子数越多,产生 X 射线量越大;X 射线照射时间越长,产生的 X 射线量越大.因此,在管电压一定时,单位时间内 X 射线的量就是管电流的毫安数,叫做 X 射线的强度.管电流的大小可以从串联在电路中的毫安表中直接读出,因此,用管电流表示 X 射线的强度,既可方便测出,又便于使用调节.

(二) X 射线的硬度

每个 X 射线光子的能量,叫做 X 射线的硬度,又叫 X 射线的质.它主要与管电压有关,管电压越高,电子速度越大,X 射线的能量越大,则穿透力越强,X 射线就越硬,表明 X 射线质越高.因此,可间接用管电压的千伏数来表示 X 射线的硬度,既可方便测出,又便于使用调节.管电压千伏数越大,X 射线质越高,硬度越大;管电压千伏数越小,X 射线质越低,硬度越小.通常把 X 射线按硬度分成四类(表6-3-1).

笔记栏

表 6-3-1　X 射线硬度分类

名　称	管电压(kV)	最短波长(10^{-10}m)	用　途
极软 X 射线	5～20	5.2～0.62	软组织摄影、表皮治疗
软 X 射线	20～100	0.62～0.12	透视和摄影
硬软 X 射线	100～250	0.12～0.05	软深组织治疗
极硬 X 射线	250 以上	0.05 以下	深部组织治疗

四、X 射线在医学上的应用

X 射线在医学上的应用分为诊断和治疗两方面. X 射线诊断和治疗已成为医学中不可缺少的重要技术, X 射线机也已成为现代医院中不可缺少的重要医用仪器设备之一.

（一）诊断

X 射线在诊断方面的应用主要是用于检查. X 射线检查方法可分为普通检查和特殊检查两类. 普通检查包括透视、X 射线摄影和造影, 是 X 射线检查中最早和最基本的应用. 后来, 在普通检查方法的基础上又创造了多种特殊摄影和各种造影检查方法, 如 X 射线计算机断层摄影成像等为医学影像技术开辟了新的途径.

1. 普通检查

（1）透视: 是一种简便而常用的检查方法. 人体内各种不同的组织或物质对 X 射线的吸收程度不同. 同强度的 X 射线, 透过身体不同部位或不同物质后的强度也不一样. 例如, 骨组织吸收 X 射线就比肌肉组织要多, 换言之, 前者比后者透出的 X 射线强度就弱, 如果将这些强弱不同的 X 射线投射到荧光屏上, 就可以出现明暗不同的荧光像, 这种应用荧光屏显像的检查方法叫做 X 射线透视.

透视时, 需将病人被检部位置于 X 射线管与荧光屏之间, 并靠近荧光屏, 直接进行检查时, 可以任意转动病人, 从不同角度观察人体器官的形态和运动功能. 透视可以观察肺、心脏、大血管和肠等器官的形态和功能. 胃肠道钡餐或大肠钡灌肠检查均需在透视下进行, 然后辅以摄影. 四肢长骨与软组织对比明显, 透视可用于检查较明显的骨折、脱位和异物, 还可确定肿瘤位置、形状和大小等.

（2）摄影: 也是一种常用的主要检查方法. 由于机体各部分吸收 X 射线的程度不同, 透过身体的 X 射线投射到照相底片上将留下各部位明暗不同的像, 这种应用 X 射线胶片显像的检查方法叫做 X 射线摄影. 摄影可应用于任何部位, 并能显示透视所不能发现的病变.

摄影应明确摄影目的和要求. 摄影前必须移开受检范围内的有妨碍的其他物品. 摄影常用两个位置, 即正位和倒位. 有时需摄影斜位、节线位或其他位置.

上述普通检查的两种方式各有其优、缺点. 透视的优点: ①可直接观察器官的运动功能. ②可任意转动病人体位从不同方向进行观察. ③操作简单, 立即得到结果. ④费用少. ⑤在透视下, 可进行骨折复位、异物摘除、心导管插入等操作. 缺点: ①影像不能作永久保存. ②细微结构和厚密组织可能显影不清. ③透视 (时间过长时) 所接受的 X 线量多. 摄影的优点: ①人体细微结构和厚密组织均能显影清楚. ②照片可记录保存. 缺点: ①不便于检查器官功能. ②费用较大.

（3）造影检查: 由于人体内某些脏器与周围组织对 X 射线的吸收本领相差很小或吸收很弱, X 射线透过这些部位后, 强度相差不多, 通过荧光屏或照相底片时, 明暗对比度就不明显, 达不到看清楚脏器的目的. 为了补救器官间缺乏自然对比对于 X 射线检查的限制, 可采用人工的方法, 将对比剂引入需要检查的器官内或其周围, 使之产生明显对比而显影, 以达到检查的目的. 这种将对比剂引入器官, 使其形态、大小显示在荧光屏或 X 胶片上的检查方法叫造影. 在长期的实践中, 对比剂的质量和造影技术均有显著的提高.

2. X 射线计算机断层摄影诊断——X-CT 1969 年,人们首次设计成计算断层体层成像装置,这种检查方法称为 X 射线计算断层成像,即 X-CT 检查. X-CT 克服了以前传统的 X 射线诊断的影像重叠、位置混淆和减弱效应等缺陷,用标直的窄 X 射线束,可围绕身体某一部位作断层扫描,可获得较好的三维空间信息像. 其优点是①诊断准确,图像层次分明. ②诊断水平高. X-CT 检查可存储、可转录. 不仅能观察形态变化,还可提供质变的数据. 灵敏度也高,比通常的 X 射线检查高 100 倍以上. ③简便、安全. ④剂量低. X-CT 技术发展迅速,可应用于肝、脾、胰腺、肾、心脏、大脑等器官疾病的特殊诊断,能诊断许多过去不能诊断或难以确诊的疾病,所以,是医学诊断上的一个飞跃.

(二)治疗

1. 放射治疗 临床放射生物学是放射肿瘤学的四大支柱之一. 自从发现 X 射线以后,X 射线对人体的生物学作用的研究一直在进行中,并不断将临床放射生物学的研究成果用于放射治疗的临床工作,促进了放射治疗的发展.

(1)手术前放射治疗:术前放疗可杀灭肿瘤周围亚临床病灶,缩小肿瘤而提高手术切除率,减少手术时肿瘤播散的可能. 术前放疗目前在临床上常用于易发生局部复发或移植的肿瘤. 如直肠癌的术前放疗,经大量临床研究证实,可降低盆腔淋巴结转移的阳性率,并可提高生存率.

(2)手术中放射治疗:放射治疗引起正常组织损伤是限制增加放射剂量以达到最大限度杀灭肿瘤的重要因素. 术中放是手术切除肿瘤后,对肿瘤床或残留病灶,甚至对未能切除的病灶直接用 X 射线一次照射. 它的主要优点:①手术直视下照射部位准确. ②能够较确切地保护照射野外的组织器官. ③适当选择高能 X 射线,可保护一定深度的正常组织. ④术中针对病灶或瘤床的集中高剂量,但比体外照射减少了容积剂量. ⑤放疗的全身反应轻. ⑥一次性照射,疗程时间短.

(3)手术后放射治疗:常是根据手术和组织学检查,较精确地确定放射范围后进行的一种放射治疗.

2. 加热放疗 是采用适当的高热与 X 射线放疗协同并用,发挥各自的优势. 用于治疗恶性肿瘤,可产生良好的治疗效果. 它已成为继手术、放疗、化疗、免疫疗法之后的第五种治癌方法.

3. 介入放射治疗 介入放射治疗学是近十多年迅速发展起来的一门融医学影像学和临床治疗学于一体的边缘学科. 它涉及人体消化、呼吸、心血管、神经、泌尿、骨骼等多个系统疾病的诊断和治疗,尤其对以往认为不治或难治之症,如癌肿、心血管疾病等开拓了新的治疗途径,且简便、安全、有效,并发症少.

(1)介入放射学的特点:在 X 射线影像学方法的引导下采取经皮穿刺插管,对病人进行血管造影,采集病理学、生理学、细胞学、细菌学、生化等检查资料,进行药物灌注、血管栓塞或扩张形成及体腔引流等"非外科手术"方法来诊断和治疗多种疾病.

(2)介入放射学的分类:介入放射治疗分血管性介入放射治疗和非血管性介入放射治疗两大类.

介入放射工作需要的仪器设备,配有电视透视系统的 X 射线机是开展介入放射工作的基本设备,另外穿刺针、各类导管以及注射器、止血弯钳、器械台、扩张器、栓塞材料等必需器械设备.

4. 直线加速器放射治疗 直线加速器的发展是在第二次世界大战期间微波束研究的基础上发展起来的,是高能电子加速器的一种. 它有一个真空加速管,这个真空加速管的一端有一个电子源,另一端有一个靶. 通过排列成直线的静电加速电极的一系列冲击作用,使电子加速得到高能电子束,高能电子束轰击阳靶产生高能 X 射线. 高能 X 射线可用于体表、中层和深部肿瘤的治疗,又可用于手术中对肿瘤进行直接照射. 它具有方向性好、穿透性强、利用率高、方便等优点.

五、X 射线的防护

X 射线对人体组织有一定程度的损害,但只要我们了解 X 射线通过人体组织时产生的各种

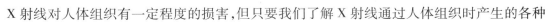

反应,采取一定的防护措施,充分利用现有物质的防护作用,尽量减少对 X 射线的直接接触,认真做好防护工作,那么,X 射线的损害是完全可以避免的.

(一) X 射线对人体的损害

当 X 射线通过人体组织时,根据通过 X 射线量的多少,人体对 X 射线的感受程度,产生某些生理上的反应.这些反应的产生过程,使人体组织细胞和功能受到损害.

X 射线对人体的损害,多表现在神经系统所引起的功能失调、衰退,其全身性反应为疲劳、食欲不振、呕吐、头痛等.据认为,这是神经系统对 X 射线最为敏感的表现.淋巴组织与血液里的白细胞,对 X 射线也很敏感,受到过量的 X 射线照射后,其淋巴细胞、白细胞就会出现发育障碍,影响人身健康.

(二) X 射线检查中的防护

由于 X 射线对机体的生物作用,导致在照射过程时,可产生各种程度的损害,其中一部分是累积性的,甚至成为不可恢复的慢性放射病.因此,在 X 射线诊断工作中,必须采取防护措施.既要注意工作人员的防护,也要注意病人的防护.

对 X 射线的防护措施主要有①增大人与 X 射线源之间的距离.②减少接触 X 射线的时间.③穿戴各种防护用具,如用铅密度为 $3.3 \sim 6.2 \mathrm{g/cm^3}$ 的铅玻璃作荧光屏及防护眼镜,用含铅密度为 $3.3 \sim 5.8 \mathrm{g/cm^3}$ 的铅橡皮制成的围裙、手套、挂帘、工作服等.④按国家规定建造合格的检查室,一般不小于 $25\mathrm{m^2}$,高度不低于 $3.5\mathrm{m}$,四壁都有防护措施.⑤遵守操作规程和防护检查措施等(图 6-3-2).

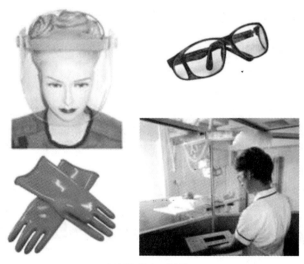

X射线的全面防护

图 6-3-2

这节课主要学习了 X 射线的特性,在医学上的应用及防护.了解了 X 射线具有穿透本领强、荧光效应、光化学作用、电离作用、生物效应等特性.在医学上的应用分为诊断检查和治疗两方面.对 X 射线的防护主要有:①增大人与 X 射线源之间的距离.②减少接触 X 射线的时间.③穿戴各种防护用具.④按国家规定建造合格的检查室.⑤遵守操作规程和防护检查措施等.

小 结

目标检测

1. X 射线的产生必须具备两个条件:一是_____;二是_____. 在管电压一定时,单位时间内 X 射线的量就是管电流的毫安数,叫做 X 射线的_____;每个 X 射线光子的能量,叫做 X 射线的_____,又叫做 X 射线的质.

2. 发现 X 射线的科学家是　　　　　　　　　　　　　　　　　　　　　　　　　　　　　(　　)
   A. 英国物理学家牛顿　　　　　　　　　B. 英国物理学家法拉第
   C. 法国物理学家库仑　　　　　　　　　D. 德国物理学家伦琴

3. 下列说法错误的是　　　　　　　　　　　　　　　　　　　　　　　　　　　　　　　(　　)
   A. 应用荧光屏显像的检查方法叫做 X 射线摄影
   B. 将对比剂引入器官,使其形态、大小显示在荧光屏或 X 胶片上的检查方法叫造影
   C. X 射线对人体组织有一定程度的损害
   D. 增大人与 X 射线源之间的距离、减少接触 X 射线的时间和穿戴各种防护用具是 X 射线防护的主要措施

第4节　原子核和放射性

一、原子核结构和基本性质

人们对物质结构的认识是逐步深入的. 1803 年,道尔顿创立原子论;1869 年,门捷列夫发现元素周期表;1895 年,伦琴发现 X 射线;1896 年,贝克勒尔发现放射性物质;1911 年,卢瑟福提出原子核式模型;1932 年,伊凡宁柯和海森伯创立了原子核的质子-中子结构学说等. 使人们对原子核的认识更深入.

(一) 原子核的组成

英国物理学家查德维克在 1932 年发现中子,随后伊凡宁柯和海森伯科学地提出,原子核是由质子和中子组成. 质子就是氢原子核,它所带的正电荷在数值上和电子所带的负电荷相等,质量是 1.6726×10^{-27} kg,为电子质量的 1836.1 倍. 中子不带电,质量是 1.6749×10^{-27} kg,为电子质量的 1836.1 倍. 质子和中子除了带电不同外,质量、自旋等特性是一样的. 质子和中子都叫做核子.

原子核是原子中心的体积非常小的微粒,原子核的半径约在 $10^{-15} \sim 10^{-14}$ m 左右,比原子的半径 10^{-10} m 小得多,但整个原子的质量几乎都集中在原子核上. 原子核所带的正电荷的电量和核外电子所带的负电荷的电量相等.

原子核是一个极复杂的系统. 核子之间具有强大的相互吸引力,这个力不是静电力,也不是万有引力. 核子之间的特殊引力叫做核力. 核力是"短程力",其作用范围大约在 10^{-15} m 以内. 实验表明,质子与质子之间、质子与中子之间、中子与中子之间的核力是基本相同的.

(二) 原子核的电荷数和质量数

原子核的电荷数和质量数是表征原子核的两个重要特征.

1. 原子核的电荷数　原子核带正电荷,其电量是电子电量绝对值 e 的整数倍,即为 Ze. 整数 Z 叫做该原子核的电荷数.

$$核电荷数(Z) = 核内质子数 = 原子序数$$

2. 原子核的质量数　原子核、质子、中子等微观粒子的质量,用克来量度显得单位太大. 为了方便起见,国际上规定用原子质量单位来量度,把 ^{12}C 原子质量的 1/12 作为一个原子质量单位,记为 u(表 6-4-1).

表 6-4-1　原子质量单位、原子核的质量数

名称	质量		质量数
	单位:克(g)	单位:原子质量单位(u)	
电子	9.108×10^{-28}	0.000 549	0
质子	1.6724×10^{-24}	1.007 276	1
中子	1.6748×10^{-24}	1.008 665	1
氢原子	1.6736×10^{-24}	1.007 825	1
氦原子	6.6466×10^{-24}	4.002 603	4
碳原子	1.9927×10^{-23}	12.000 000	12
氧原子	2.6561×10^{-23}	15.994 915	16

可见,用原子质量单位 u 表示,质子、中子及其他原子的质量都很接近整数. 我们把这个最接近的整数叫做原子核的质量数(表 6-4-1). 质量数实际上就是核内质子数和中子数的总和.

$$质量数(A) = 核内质子数(Z) + 中子数(N)$$

用 X 代表元素,用 $^A_Z X$ 标记不同的原子核. 如氢核标记为 $^1_1 H$,氦核标记为 $^4_2 He$,碳核标记为 $^{12}_6 C$,氧核标记为 $^{16}_8 O$ 等. 在核物理学中,电子、中子等虽然不是原子核,也可用这种方法标记,如电子标记为 $^0_{-1} e$,中子标记为 $^1_0 n$ 等.

(三)核素和同位素

核物理学中把含有一定数量的质子和中子的原子核叫核素,用 $^A_Z X$ 标记. 对于某种核素来说,质子数 Z 是已知的,所以核素可简记为 $^A X$,如 $^{235}_{92} U$ 可简记为 $^{235} U$.

一种元素可以含有多种核素. 同一元素电荷数 Z 相同,而质量数 A 不同的一组核素,叫做该种元素的同位素. 或者说同一元素的质子数相同而中子数不同的一组核素,叫做该种元素的同位素. 同位素即排在周期表中的同一位置上. 如氧的同位素有两种,即 $^{16}_8 O$ 和 $^{17}_8 O$. 氮的同位素有两种,即 $^{14}_7 N$ 和 $^{15}_7 N$.

> 1896 年 2 月,法国物理学家贝克勒尔听说了伦琴的 X 射线的发现后,就想看一看不能透过黑纸的日光能否激发出 X 射线,再透过黑纸激发出荧光来(现在我们知道这是不可能的). 一天恰好阴天,没有日光,他就把制备好的样品(一种铀盐)用黑纸包起来,放在抽屉里的照相底片上面. 几天后,他怕底片有些漏光,便决定将其中一张冲洗一下,不料洗后一看,晶体的像竟赫然在目. 于是他赶紧仔细做实验,证明感光是由于样品含铀所致. 铀确实发出了一种肉眼看不见的射线,这就是天然放射性的发现. 1903 年,贝克勒尔与波兰物理学皮埃尔·居里和居里夫人因发现放射线荣获诺贝尔物理学奖.

二、放射性和放射性衰变规律

(一)放射性

1896 年,法国物理学家贝克勒尔在研究铀盐的性质时,首先发现铀盐能自发地放出看不见的射线,这些射线能穿过黑纸,使照相底片感光. 以后法国物理学家皮埃尔·居里夫妇(1859—1906)又发现镭、钋也能放射类似射线,而且强度比铀所放出的射线的强度更强.

铀、镭、钋等元素具有发出放射线的性质叫做放射性. 具有放射性的元素称为放射性元素. 放射性元素有两种:一种是自然界原来存在的不断放出射线的元素,叫做天然放射性元素,除铀、镭、钋以外,后来又发现位于门捷列夫元素周期表末端的重元素都具有天然放射性. 另一种是人工制造的能放射出射线的元素,叫做人工放射性元素. 对于具有放射性的各种原子核统一叫做放射性核素. 现在发现的核素已达二千六百余种,大部分是人造的,其中较稳定的只约占十分之一.

（二）放射线及性质

1. 三种射线　放射性核素能够放射 α 射线、β 射线和 γ 射线. α 射线是带正电的具有很高速度的氦原子核 $_2^4$He 流，即 α 粒子流. β 射线是带负电的高速运动的电子流. γ 射线是不带电的波长比 X 射线还短的光子流. 图 6-4-1 是这三种射线在磁场中的偏转情况.

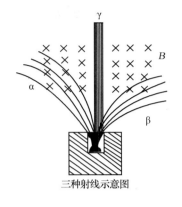

三种射线示意图

图 6-4-1

2. 放射性射线主要性质

（1）具有较强的穿透本领，可以贯穿可见光所不能穿透的某些物体，如黑纸板. 以 γ 射线的穿透本领最强，其次是 β 射线，再次是 α 射线.

（2）能激发荧光，如在硫化锌中掺入极微量的镭可制成夜光物质.

（3）能使照相底片感光.

（4）能使气体电离，α 射线电离作用最强，其次是 β 射线，再次是 γ 射线.

（5）射线足够强时，能破坏组织细胞.

（6）放射性元素在放射过程中不断地放出能量，能使吸收射线的物质发热，温度升高.

　　17 ~ 19 世纪，有科学家试图通过研究海洋里盐度、海洋每年的沉积率、生物化石等方法来推算地球的年龄，但都没有得到满意的结果. 20 世纪，科学家找到了可靠的同位素地质测定法. 20 世纪初，人们发现地壳中普遍存在微量的放射性元素，它们的原子核能自动放出某些粒子而变成其他元素，这种现象就是放射性衰变. 例如 1g 铀经过 1 年之后有七十四亿分之一克衰变为铅和氦. 在铀的质量不断减少的情况下，经过约 45 亿年以后，就有 1/2g 衰变为铅和氦. 利用放射性元素的这一特性，我们选择含铀的岩石，测出其中铀和铅的含量，便可以比较准确地计算出岩石的年龄. 用这种方法推算出地球上最古老的岩石大约为 38 亿年. 当然这还不是地球的年龄，因为在地壳形成之前地球还经过一段表面处于熔融状态的时期，科学家们认为加上这段时期，地球的年龄应该是 46 亿年.

　　放射性元素的放射性还有一个重要特点，就是放射性与周围环境的物理条件和化学条件无关. 不论是高温或高压，还是化合态或单质形式存在，放射性都是一样的，放出的射线的性质也是一样的.

　　1908 年，卢瑟福发现盛有少量镭盐（$RaCl_2$）的密闭容器里放出氦气和氡气. 原因是镭核放射 α 粒子流，α 粒子吸收两个电子中和后，成为氦原子，产生氦气. 镭核放射 α 粒子后变为氡原子核，中和后成为氡原子，产生氡气. 氡的原子序数为 86，具有放射性.

　　放射性原子核自发地放射 α、β、γ 射线转变成另一种原子核的过程，叫做原子核衰变. 原子核衰变是放射现象的本质，是一种元素变成另一种元素的过程.

（三）放射性原子核的衰变规律

1. 放射性衰变定律　放射性元素原子核能自发地进行连续衰变，产生新的元素的原子核. 在衰变过程中，放射性物质的总量随时间是逐步减少的. 虽然所有的核都能发生衰变，但它们全体原子核并不是同时进行的，个体有先有后. 对于大量原子核所组成的整体，遵循统计衰变规律. 经理论和实践证明：放射性原子核数目 N 是按指数规律随时间而减小的，这个规律叫做放射性衰变定律. 其数学表达式是

$$N = N_0 e^{-\lambda t} \qquad (6\text{-}4\text{-}1)$$

（6-4-1）式中，e 为自然对数的底，可取 e = 2.718. N_0 称为母体核数，是当时间 $t = 0$ 时，原有原子

核的数目;N 表示经过时间 t 衰变后剩下的核素;λ 叫做衰变常数,是表征放射性原子核数目衰变快慢的一个物理量.λ 值越大,衰变得越快;λ 值越小,衰变得越慢.每一种放射性核素各有自己的 λ 值.λ 值与核素的物理条件无关,不受外界温度、压力的影响.λ 值与化学状态无关,不受单质或化合状态的影响.

如果用单位时间内发生核衰变的次数表示放射性的强度 I,那么衰变定律的另一种形式

$$I = I_0 \mathrm{e}^{-\lambda t} \tag{6-4-2}$$

(6-4-2)式表示放射性强度同样是随时间作指数规律减小.在国际单位制中,放射强度的单位是贝可勒尔(Bq).1Bq = 1 次核衰变/秒.放射性强度的单位还有居里(Ci).国际上规定:$1\mathrm{Ci} = 3.7 \times 10^{10}\mathrm{Bq}$.

2. 半衰期　指放射性物质由 N_0 个原子核衰变到 $N_0/2$ 个原子核所需要的时间.或放射性强度减少到为原来一半所需要的时间.是反映放射性原子核的衰变快慢程度的另一个物理量.

半衰期越长,衰变得越慢;半衰期越短,衰变得越快.不同的放射性元素的半衰期不同.例如,氡的半衰期 T 为 3.8 天,镭的半衰期 T 为 1590 ~ 1631 年,铀 $^{238}_{92}\mathrm{U}$ 的半衰期 T 为 4.51×10^9 年.经数学证明,半衰期 T 和衰变常数 λ 之间的关系是

$$T = 0.693/\lambda \tag{6-4-3}$$

由(6-4-3)式可知,半衰期 T 和衰变常数 λ 成反比.表6-4-2列出常用的放射性元素的半衰期及医学应用.

表6-4-2　常用的放射性元素的半衰期及医学应用

放射性元素	半衰期	用　途
镓($^{68}_{31}\mathrm{Ga}$)	68.3 分	肿瘤扫描
锶($^{90}_{38}\mathrm{Sr}$)	28 年	骨扫描
铯($^{137}_{55}\mathrm{Cs}$)	30 年	肿瘤治疗
氢($^{3}_{1}\mathrm{H}$)	12.3 年	磁共振成像
钴($^{60}_{27}\mathrm{Co}$)	5.27 年	肿瘤治疗
碘($^{131}_{53}\mathrm{I}$)	8.04 天	甲状腺、肝、肾、胃扫描,诊断甲状腺功能
锝($^{99}_{43}\mathrm{Tc}$)	6.1 小时	γ 照相机用,甲状腺、脑、脾、肺、胃扫描
磷($^{32}_{15}\mathrm{P}$)	14.3 天	测红细胞、肿瘤治疗、磁共振成像
汞($^{203}_{80}\mathrm{Hg}$)	16.9 天	脑、肾、脾扫描
金($^{198}_{79}\mathrm{Au}$)	2.7 天	肝扫描、肿瘤治疗

例 6-4-1　$^{125}_{53}\mathrm{I}$ 的半衰期是 60 天,$100\mathrm{g}^{125}_{53}\mathrm{I}$ 经过 180 天后还剩多少?

解:$T = 60$ 天,$m_0 = 100\mathrm{g}$,$t = 180$ 天

根据半衰期的概念分析

经过 60 天后剩下:$100\mathrm{g} \times 1/2 = 50\mathrm{g}$

经过 120 天后剩下:$50\mathrm{g} \times 1/2 = 25\mathrm{g}$

经过 180 天后剩下:$25\mathrm{g} \times 1/2 = 12.5\mathrm{g}$

答:经过 180 天后还剩下 12.5g.

放射性物质经过一个半衰期后衰减到原来的 1/2,经过两个半衰期后衰减到原来的 1/4,经过三个半衰期后衰减到原来的 1/8.类推经过 n 个半衰期后衰减到原来的 $1/2^n$.

用半衰期作为衰变快慢的物理量,就是说 1kg 铀衰变到只剩 0.5kg 铀所需要的时间与 1g 铀衰变到只剩 0.5g 铀所需要的时间是一样的.

放射性核素的半衰期只与核内的因素有关,而与外界物理因素和化合状态无关.

(四) 核衰变的位移定则

放射性衰变是原子核的变化过程.原子核衰变有 α 衰变、β 衰变、γ 衰变三种方式.同其他变化过程一样,放射性衰变遵循能量守恒、质量守恒、电荷守恒等普遍规律.所以,放射性

核素衰变后各种核素的总质量数和总电荷数,分别等于原来的核素的总质量数和总电荷数. 这是建立核衰变位移定则的基础.

α 衰变的位移定则:放射性原子核进行一次 α 衰变后,放出一个 α 粒子 $_2^4$He 时,衰变成另一种新元素,质量数减少 4,电荷数减少 2. 在门捷列夫元素周期表中的位置移前两位. α 核衰变位移定则通式是

$$_Z^A X \rightarrow _{Z-2}^{A-4} Y + _2^4 He \tag{6-4-4}$$

例如,$_{88}^{226}$Ra 经一次 α 衰变转移为 $_{86}^{222}$Rn 放出一个 α 粒子 $_2^4$He,衰变方程是

$$_{86}^{226}Ra \rightarrow _{86}^{222}Rn + _2^4He$$

β 衰变位移定则:放射性原子核进行一次 β 衰变后,放出一个 β 粒子 $_{-1}^0$e,衰变成另一种新元素,质量数不变,电荷数增加 1. 在门捷列夫元素周期表中的位置移后一位. β 核变位移定则通式是

$$_Z^A X \rightarrow _{Z+1}^A Y + _{-1}^0 e \tag{6-4-5}$$

例如,$_{27}^{60}$Co 经一次 β 衰变转变为 $_{28}^{60}$Ni,放出一个电子 $_{-1}^0$e,衰变方程是

$$_{27}^{60}Co \rightarrow _{28}^{60}Ni + _{-1}^0 e$$

放射性元素原子核经 α、β 衰变引起原子序数变动的规则叫位移定则. 知道了元素衰变的性质,根据位移定则,就可确定衰变后是哪一种元素.

放射性核素发生 α 衰变和 β 衰变产生新的核素的同时会辐射出能量,使核的能级发生变化而辐射光子流,即 γ 射线. 原子核进行 γ 衰变时,元素在元素周期表中位置不变. γ 射线是伴随 α 射线或 β 射线产生的. 当放射性物质连续发生衰变时,各种原子核中有的发生 α 衰变,有的发生 β 衰变,同时伴随 γ 辐射. 所以,在核衰变过程中就有 α、β、γ 三种射线.

存在于自然界的天然放射性元素比较稀少,只有元素周期表末端的一些元素,而人工获得的放射性元素已较多,它们的放射性同位素在医学上应用十分广泛.

三、放射性同位素在医学上的作用

放射性同位素在医学上的应用分为示踪原子和治疗两个作用.

(一) 示踪原子作用

放射性同位素能放射出容易探测的射线,显示一种特殊讯号标记,它的踪迹易被放射性探测仪器观测出来. 又由于放射性核素和稳定同位素核素具有相同的化学性质,当二者混在一起时,可借以测出稳定同位素在各种变化过程中的变动情况. 放射性同位素总有放射线相伴随,用它作为标志,可以起"指示踪迹"的作用. 放射性同位素的这种作用叫做示踪原子作用. 它能用于脏器扫描显像、功能测定、体内微量物质定量分析、追踪体内代谢物质变化等.

示踪原子的应用有两个突出优点:

(1) 容易辨认,方便简单,不需动大手术,就可以进行体外测量. 例如,要了解磷在人体内的代谢变化,可把放射性磷的制剂引入人体内,利用探测器追踪就能准确地测出各个组织吸收磷的情况. 要诊断甲状腺疾病,可口服适量的 ^{131}I,在病理状态下,碘代谢发生变化,用 γ 照相机或扫描仪显像,可诊断甲状腺病情.

(2) 示踪原子灵敏度高. 用放射性示踪原子方法可以检查出 $10^{-18} \sim 10^{-14}$g 的放射性物质.

(二) 治疗作用

利用放射性同位素射线的穿透性和它对机体组织的破坏作用治病,能抑制和破坏组织,如破坏癌组织,以达到治疗的目的. 常用的治疗方法有以下几种:①体外照射治疗. 例如,^{60}Co 照射治疗. ^{60}Co 能放出很强的 γ 射线从体外进行照射,是治疗深部肿瘤和恶性肿瘤的主要方法. ②内照射治疗. 如用 ^{131}I 引入体内,随代谢过程汇集于甲状腺癌,有一定疗效. 用 ^{32}P 治疗

笔记栏

骨、肝、脾及淋巴的病变和肿瘤组织,可以破坏和抑制病变组织的生长.③敷贴治疗.利用^{32}P、^{90}Sr 等放射核素敷贴于患部,如治疗眼科和皮肤疾病有一定作用.④放射性胶体治疗.把放射性胶体注入体腔,放射性元素胶体敷于体腔表面对该处局部组织肿瘤进行照射而达到控制肿瘤的目的.

　　医学上利用放射性同位素,既要对放射性同位素物质进行严格的选择,又要注意控制进入体内的剂量.否则影响诊断和治疗的效果,甚至要危害生命.通常选用的放射性同位素要考虑同位素的性质、半衰期和能否迅速排出体外等因素.总之,要遵守操作规程,注意安全.

> 　　这节课学习了原子核结构和基本性质、放射性和放射性衰变定律及放射性同位素在医学上的应用.知道放射性原子核自发地放射 α、β、γ 射线转变成另一种原子核的过程,叫做原子核衰变.原子核衰变遵循放射性衰变定律:$N = N_0 e^{-\lambda t}$(或 $I = I_0 e^{-\lambda t}$).放射性同位素在医学上的应用分为示踪原子和治疗两个作用.
>
> **小　结**

1. 国际上规定把^{12}C 原子质量的_____分之一作为一个原子质量单位(记为 u).用 u 表示质子、中子及其他原子的质量都很接近整数,我们把这个最接近的整数叫做原子核的质量数(A).质量数(A)_____核内质子数(Z)_____中子数(N)(填“ = ”、“ + ”或“ – ”).

2. 下列说法错误的是　　　　　　　　　　　　　　　　　　　　　　(　　)
   A. 原子核是由质子和电子组成
   B. 原子核的电荷数和质量数是表征原子核的两个重要特征
   C. 核电荷数 = 核内质子数 = 原子序数
   D. 同一元素电荷数相同,而质量数不同的一组核素,叫做该种元素的同位素

3. 下列说法正确的是　　　　　　　　　　　　　　　　　　　　　　(　　)
   A. 具有发出放射线的性质叫做放射性,具有放射性的元素称为放射性元素
   B. α 射线是带正电的具有很高速度的电子流
   C. β 射线是不带电的波长比 X 射线还短的光子流
   D. 放射性元素在放射过程中不断地吸收能量,能使吸收射线的物质温度降低

4. 下列说法错误的是　　　　　　　　　　　　　　　　　　　　　　(　　)
   A. 半衰期指的是放射性物质由 N_0 个原子核衰变到 $N_0/2$ 个原子核所需要的时间
   B. 放射性衰变遵循质量守恒、电荷守恒规律,但不遵守能量守恒规律
   C. 放射性核素衰变后各种核素的总质量数和总电荷数,分别等于原来的核素的总质量数和总电荷数
   D. 放射性元素原子核经 α、β 衰变引起原子序数变动的规则叫做位移定则

第5节　核磁共振

　　1946 年,美国的两位科学家布洛赫和普西尔分别独立地发现了核磁共振,并因此获得 1952 年诺贝尔物理学奖.此后,核磁共振现象首先在理化领域中得到广泛应用.自 20 世纪 70 年代开始.在分子生物学、医学、药学和遗传学等领域中得到了迅速发展.核磁共振成像(简记为 MRI)作为一种获得人体空间信息的新技术,被誉为诊断医学上的一次革命.

一、核　磁　共　振

　　原子核由质子和中子组成,而质子和中子跟电子一样,都作不停的自旋运动,即原子核在作自旋运动.自旋运动可形成环形电流,环形电流会产生磁场.这样,当原子核处于另一个磁场

（外磁场）中时，由于外磁场和核（原子核）磁场的相互作用，使原子核具有能量. 如果原子核自旋的方向不同时，形成的环形电流的磁场方向也不同，则核在外磁场中具有的能量也不同. 经研究表明，一定的原子核在外磁场中具有一系列分立的能级. 当原子核（比如样品）从外界电磁辐射（图6-5-1所示的高频电磁场）中吸收的能量恰好等于某两分立的能级差（用 ΔE 表示）时，原子核（样品）就会对它强烈地吸收能量，从而可发生核能级之间的跃进，即由低能级向相邻的高能级跃迁，这种现象叫做核磁共振.

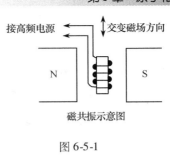

图 6-5-1

二、有关的物理量

（一）纵向弛豫时间

纵向弛豫时间用 T_1 表示. 它指核磁共振时，原子核系统因吸收了能量后处于高能级状态（激发态），当外界作用停止后，它将自动、自发地由高能级状态恢复到原状态（平衡状态），这一过程叫做弛豫过程. 在这一恢复过程中，必然反映出核磁共振样品的许多分子、原子结构方面的信息，此过程也是自旋系统向周围介质耗散能量的过程，这一过程所需要的时间就是纵向弛豫时间 T_1.

（二）横向弛豫时间

横向弛豫时间用 T_2 表示. 指两个相邻的同种原子核处于不同能级时，由于原子核磁场的相互作用，可导致两个核自旋态发生交换，即一个激发态的原子核回到低能级的同时，另一个低能级的原子核被激发，这一过程所需要的时间就是横向弛豫时间 T_2.

（三）核密度

核密度用 ρ 表示. 指所研究的原子核系统核密度的大小. T_1 和 T_2 对分子运动是最灵敏的，对于液体样品，T_1 和 T_2 几乎相等，即 $T_1 \approx T_2$，一般是几百毫秒到几秒；对于固体样品，T_1 很大而 T_2 很小，即 $T_1 \gg T_2$，T_1 可能是几秒，而 T_2 只有几微秒. 这样，当 $T_1/T_2 \approx 1$ 时，可推知样品为"液相"；T_1/T_2 很大时，可推知样品为"固相". 在不同的细胞组织中，T 的变化与水有关. 例如，在同一器官或组织中，有些肿瘤病变细胞组织的 T_1 比正常细胞组织的 T_1 有明显增加，这是由于水含量不正常增加的结果. 对 T_2 的研究发现，T_2 值有如 T_1 值同样的变化趋势，癌的 T_1 和 T_2 比正常组织的 T_1 和 T_2 长. 有的病则是 T_1 变，有的又是 T_2 变，因此，必须作含有 T_1、T_2 信息的核磁共振成像来分析、研究.

三、核磁共振谱

从理论上来看，核磁共振时，共振频率只有一个，或者说对应的谱线很窄很窄，因为，对应的谱线波长也只有一个. 但实际上，由于存在一些因素使谱线具有一定的宽度，这样，就使核磁共振信号有许多特征. 例如，谱线的宽度、形状、面积、谱线的精细结构以及弛豫时间 T_1、T_2 等不同的特征，这些特征取决于被测样品（原子核）的性质以及所处的环境，从而使我们可以用核磁共振谱线的特性来确定各种分子的结构. 目前，已制定了万种以上的有机化合物的标准谱图. 对于一个样品，只要测出它的共振谱图，然后跟标准谱图对照，即可确定样品的成分和结构. 例如，在药学方面，除用于药物的定性分析和结构分析外，还用于定量分析. 若将复方阿司匹林（APC）的核磁共振谱图，与阿司匹林、非那西汀和咖啡因的共振谱图进行对照，便可测出 APC 中三种药物的含量.

四、核磁共振成像

核磁共振成像是一种获得人体空间信息的新技术,在医学诊断影像领域中成绩卓著.核磁共振成像的基本原理是:原子核在外磁场中,将经选择的电磁辐射照射原子核(样品,即被探测对象)时,核被激发,在通过弛豫过程自动恢复到原状态(平衡状态)时,把吸收的能量发射出来,成像仪中的吸收线圈可探测到这种信号,并通过电子计算机对发射能量的原子核的空间位置,进行编码的重建处理,最终得到由 T_1、T_2 和 p 等各种不同函数组合的图像,这种图像就是核磁共振成像.

表 6-5-1　人体不同组织及部分病变组织的 T_1、T_2 值

组织	T_1(ms)	T_2(ms)
肌肉	400 ± 40	50 ± 10
肝	380 ± 20	40 ± 20
肝转移病灶	570 ± 190	40 ± 10
肝脓肿	1180	100
胰	290 ± 20	60 ± 40
胰腺癌	840	40
胰腺炎	300	150
腮腺	350	30
腮腺肉瘤	620	40

实践表明,核系统辐射能量的强度与核密度 ρ 成正比.因此,在核磁共振图像中,能通过质子密度的差别把各种组织区分开来.又因人体的不同组织弛豫时间 T_1 和 T_2 均不相同;病变组织与正常组织的 T_2(或 T_1)具有明显的差别(表 6-5-7).因此,通过 T_1、T_2 的测量可判断病变发展的情况.这样,人体的病变组织可从核磁共振图像中予以识别,从而提供病理诊断信息.

核磁共振成像技术跟 X-CT 比较,X-CT 解决了医学影像的重叠和混乱的难题,获得了诊断准确率很高的清晰图像,但它是单一参数的成像技术,所以,其图像基本上是解剖学的.核磁共振成像则是由几个参数(T_1、T_2 和 p 等)的成像技术,由于参数多,成的像中含有更多的受检体生理和化学特性的信息,即不仅能获得人体器官和组织的解剖图像,而且能显示出器官和组织在化学结构上的变化,可得到器官和组织的功能方面的信息.

核磁共振成像是使用既能穿透人体,又不引起电离辐射损伤的电磁波作为"光源"来对人体进行"透视"的方法,使用上方便、灵活,能对人体各个部位,各器官冠状、矢状、横断面并能任意旋转、切割和窥视.临床实践证实,核磁成像技术对检测坏死组织、局部出血、各种恶性肿瘤及病变性疾病特别有效,软组织对比度明显,使许多过去认为的诸多疑难病的诊断成为了可能(图 6-5-2).

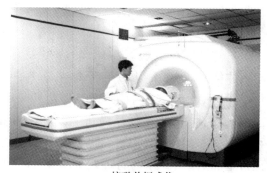

核磁共振成像

图 6-5-2

　　这节课学习了核磁共振成像及其医学应用.了解了核磁共振成像是一种获得人体空间信息的新技术,它不仅能获得人体器官和组织的解剖图像,而且能显示出器官和组织在化学结构上的变化,可得到器官和组织的功能方面的信息.

小　结

1. 当原子核从外界电磁辐射中吸收的能量恰好等于某两分立的能级差时,原子核就会对它强烈地吸收能量,从而发生核能级之间的跃进,即由_____向相邻的_____跃迁,这种现象叫_____.

2. 下列说法错误的是 （　　）

    A. 当原子核处于另一个磁场中时,由于外磁场和核磁场的相互作用,使原子核具有能量

    B. 电子从由低能级向相邻的高能级跃迁,叫做核磁共振

    C. 与 X-CT 相比,核磁共振所成的像中含有更多的受检体生理和化学特性的信息

    D. 核磁共振成像是使用电磁波作为"光源"来对人体进行"透视"的一种方法

（王延康）

物理应用基础教学基本要求

一、课程性质任务

物理学是研究物质运动最普遍、最基本的运动形式及其规律的一门科学,它为医学及护理学的发展提供了理论、方法和先进的医用仪器,是一门与医学和护理学有着密切联系的重要文化基础课.

物理应用基础内容包括力学基本知识、振动和波、液体、电和磁、几何光学和光学仪器、原子和原子核等几部分.其总任务是从医学、护理岗位需要出发,适应医学、护理模式的转变,使学生在已有初中物理学知识的基础上,重点学习和现代医学与护理学密切相关的物理学基本原理及其在医护工作中的应用,为后续课程学习奠定必要的物理学基础.

通过和学生的教学互动,共同完成教学目标.教学中应因材施教,给予学生自由发展的空间.通过讲授、模拟、演示、实验、看录像、讨论、练习和自学等多种方式进行教学活动,培养学生主动探索、发挥潜能、理解和应用所学知识与基本技能的本领和习惯,使其终生受益.通过提问、作业、测验、实验操作和报告等方式进行评价.

二、课程教学目标

通过本课程的学习,学生能够:

1. 具有力学、振动和波、液体、电磁学、几何光学和光学仪器、原子物理等方面的基础知识,并熟悉其在医护工作中的应用.

2. 运用所学物理原理分析和解决有关实际问题,具有一定的自学能力.

3. 树立自觉、刻苦和勇于探索的良好学风.

4. 通过实验培养勤于动手,增强独立解决在医学、护理工作中经常遇到的某些实际问题的能力,养成科学严谨、求真务实和相互协作的工作作风.

三、教学内容和要求

教学内容(＊为选学内容)	教学要求		
	了解	熟悉	掌握
第1章　力学基础知识			
第1节　变速直线运动			
质点			√
位移			√
时刻			√
即时速度			√
加速度			√
匀变速直线运动的公式		√	
自由落体运动		√	
第2节　共点力的合成与分解			
合力和分力	√		
力的合成与分解	√		
力的平行四边形法则	√		
第3节　牛顿运动定律			

续表

教学内容（＊为选学内容）	教学要求		
	了解	熟悉	掌握
牛顿第一定律			√
牛顿第二定律			√
牛顿第三定律			√
第4节 功和能			
功和功率		√	
机械能		√	
机械能守恒定律		√	
能量转化和守恒定律		√	
功能原理	√		
第2章 振动和波			
第1节 振动			
简谐振动			√
振幅、周期与频率			√
共振及其应用			√
第2节 波动			
机械波、横波和纵波	√		
波长、周期、波速及其关系			√
第3节 声波			
声音的传播		√	
声强和声强级		√	
声波的反射、折射和衰减		√	
乐音和噪声		√	
听诊和叩诊	√		
第4节 超声波			
超声波的产生与接收	√		
超声波的特性和作用	√		
超声波在医学上的应用	√		
第3章 液体			
第1节 液体的流动			
正压与负压		√	
理想液体	√		
稳定流动	√		
流量	√		
层流与湍流	√		
内摩擦力和液体的黏性	√		
连续性原理		√	
流动液体的压强与流速的关系		√	
泊肃叶方程		√	
心血管的体循环	√		
血压		√	
血压计			√
第2节 液体的表面性质			
液体的表面张力	√		
球形液面的附加压强	√		
浸润和不浸润		√	
毛细现象	√		
气体栓塞	√		
第3节 湿度			

教学内容（＊为选学内容）	教学要求		
	了解	熟悉	掌握
饱和气和饱和气压		√	
空气的湿度			√
第4章　电与磁			
第1节　静电场			
库仑定律			√
电场　电场强度		√	
电势能及电势		√	
第2节　直流电			
直流电路		√	
闭合电路欧姆定律			√
人体的电现象与医学	√		
第3节　磁场＊			
磁场		√	
电磁感应	√		
自感现象	√		
第4节　交流电			
交流电的产生和图形	√		
交流电的周期和频率			√
交流电的有效值	√		
电疗和磁疗＊	√		
安全用电常识			√
第5节　电磁波			
电磁波	√		
电磁波谱	√		
红外线、紫外线及微波在医护工作中的应用	√		
第5章　几何光学和光学仪器			
第1节　光的折射　全反射			
光的折射定律			√
折射率　光密介质　光疏介质	√		
全反射			√
第2节　透镜成像			
透镜		√	
透镜的焦度	√		
透镜成像作图法		√	
透镜成像公式			√
第3节　眼睛			
眼睛的光学结构	√		
眼睛成像和眼的调节			
视角与视力		√	
异常眼及其矫正		√	
第4节　光学仪器		√	
放大镜			√
显微镜			√
纤镜	√		
照相机＊		√	
第6章　原子和原子核			
第1节　原子结构　玻尔理论＊			
原子的核式结构	√		

笔记栏

教学内容（＊为选学内容）	教学要求		
	了解	熟悉	掌握
玻尔的原子理论	√		
原子能级和原子发光原理	√		
第2节　激光＊			
激光的产生	√		
激光的特性	√		
激光在医学上的应用	√		
激光危害和防护	√		
第3节　X射线＊			
X射线的产生	√		
X射线的特性	√		
X射线的量与质	√		
X射线在医学上的应用	√		
第4节　原子核和放射性＊			
原子核结构和基本性质	√		
放射性和放射性衰变规律	√		
放射性同位素在医学上的应用	√		
第5节　核磁共振＊			
核磁共振	√		
核磁共振谱	√		
核磁共振成像	√		

四、学时分配建议

教学内容（＊为选学内容）	建议学时		
	理论	实践	合计
绪论	1	2	3
力学基础知识	7	2	9
振动和波	6		6
液体	6	4	10
电和磁	10	4	14
几何光学和光学仪器	10	2	12
原子和原子核＊	10		10
合计	50	14	64

主要参考文献

董品泸 . 1997. 物理学 . 第 3 版 . 成都:四川科学技术出版社

刘发武 . 1999. 物理学 . 北京:人民卫生出版社

孟章书 . 2003. 物理学 . 北京:科学出版社

徐龙海 . 2003. 物理学 . 北京:科学出版社

笔记栏

附　录

一、物理量的单位

本书中各物理量的国际单位制单位

单位类别	物理量名称	单位名称	符号	
			中文	国际
基本单位	长度	米	米	m
	质量	千克	千克	kg
	时间	秒	秒	s
	热力学温度	开[尔文]	开	K
	物质的量	摩[尔]	摩	mol
	电流	安[培]	安	A
导出单位	面积	平方米	米^2	m^2
	体积(容积)	立方米	米^3	m^3
	速度	米每秒	米/秒	m/s
	加速度	米每二次方秒	米/秒^2	m/s^2
	密度	千克每立方米	千克/米^3	kg/m^3
	频率	赫[兹]	赫	Hz
	力	牛[顿]	牛	N
	压强	帕[斯卡]	帕	Pa
	能、功、热量	焦[耳]	焦	J
	功率	瓦[特]	瓦	W
	能流密度	瓦[特]每平方米	瓦/米^2	W/m^2
	黏度	帕[斯卡]·秒	帕·秒	Pa·s
	流量	立方米每秒	米^3/秒	m^3/s
	表面张力系数	牛顿每米	牛/米	N/m
	电量	库[仑]	库	C
	电势、电压、电动势	伏[特]	伏	V
	电阻	欧[姆]	欧	Ω
	电场强度	伏特每米	伏/米	V/m
	焦度	屈光度	1/米	1/m
	衰变常量	每秒	1/秒	1/s
	放射性活度	贝可	贝可	Bq

二、常见物理常量

物理常量	符号	量值
真空中光速	c	$2.997\,924\,58 \times 10^8\,\text{m/s}$
标准重力加速度	g	$9.806\,65\,\text{m/s}^2$
标准大气压	p_0	$1.013\,25 \times 10^5\,\text{Pa}$
普适气体常量	R	$8.314\,\text{J/(mol·K)}$
阿伏伽德罗常量	N_0	$6.022\,045 \times 10^{23}/\text{mol}$
玻尔兹曼常量	k	$1.380\,662 \times 10^{-23}\,\text{J/K}$
普朗克常量	h	$6.626\,176 \times 10^{-24}\,\text{J·s}$
电子电荷量	e	$1.602\,19 \times 10^{-19}\,\text{C}$
电子质量	m_e	$9.109 \times 10^{-31}\,\text{kg}$
质子质量	m_P	$1.6725 \times 10^{-27}\,\text{kg}$
中子质量	m_n	$1.6748 \times 10^{-27}\,\text{kg}$
原子质量单位	u	$1.660\,565 \times 10^{-27}\,\text{kg}$

三、希腊字母表

大写	小写	汉语发音	大写	小写	汉语发音
A	α	阿尔发	N	ν	纽
B	β	贝塔	Ξ	ξ	克希
Γ	γ	嘎马	O	o	奥米克隆
Δ	δ	台耳塔	Π	π	派
E	ε	依普西隆	P	ρ	洛
Z	ζ	截塔	Σ	σ	西格马
H	η	挨塔	T	τ	套
Θ	θ	希塔	Y	υ	宇普西隆
I	ι	约塔	Φ	φ	费
K	κ	卡帕	X	χ	希
Λ	λ	拉姆达	Ψ	ψ	普塞
M	μ	米尤	Ω	ω	欧米嘎

笔记栏

技能型紧缺人才培养培训教材

全国卫生职业院校规划教材

供中高职（共用课）各专业使用

物理应用基础
实验指导与练习

主　编　李长驰

编　者　（按拼音排序）

蔡玉娜（潮州卫生学校）

李长驰（汕头市卫生学校）

王延康（湛江卫生学校）

吴育珊（汕头市卫生学校）

肖光华（惠州卫生学校）

科学出版社

北　京

内 容 简 介

本书与《物理应用基础》一书配套使用。本书共包括 3 部分,第一部分为 9 个实验,第 2 部分为 6 套单元练习题,第 3 部分为 2 套综合测试题。以期帮助学生在实践的基础上加深对理论的理解和掌握,同时通过单元练习题和综合测试题来巩固课堂知识。

本书适合中高职各专业使用。

图书在版编目(CIP)数据

物理应用基础·物理应用基础实验指导与练习/李长驰主编.—北京:科学出版社,2007.8

技能型紧缺人才培养培训教材·全国卫生职业院校规划教材

ISBN 978-7-03-019792-4

Ⅰ.物… Ⅱ.李… Ⅲ.物理课–专业学校–教材 Ⅳ.G634.71

中国版本图书馆 CIP 数据核字(2007)第 132948 号

责任编辑:裴中惠　张　峥/责任校对:钟　洋
责任印制:赵　博/封面设计:黄　超

科 学 出 版 社 出版
北京东黄城根北街 16 号
邮政编码:100717
http://www.sciencep.com

三河市骏杰印刷有限公司印刷
科学出版社发行　　各地新华书店经销

2007 年 8 月第　一　版　　开本:850×1168 1/16
2017 年 7 月第七次印刷　　印张:10 1/2
字数:261 000

定价:20.00 元(全二册)
如有印装质量问题,我社负责调换

目　　录

第 **1** 部分 实 验 指 导

绪 论

物理学是一门建立在实验基础上的科学．物理概念的建立以及物理定律的发现,都是以实验事实为依据的．已经建立起来的物理定律或理论,也必须经得起严格的科学实验的检验才能被确认．另外,人的认识过程总是从感性到理性,而且理论知识还必须应用于实际,所以,不论对物理学的发展,还是学习物理学,实验都是非常重要的．

通过实验,同学们不仅能生动地感知物理现象以加深对物理概念的认识,更重要的是能使我们理解和掌握运用观察和实验手段处理物理问题的基本程序和技能(包括仪器的使用、数据的读取和分析、书写实验报告等),培养观察能力,思维能力和操作能力．从中启迪慧心、激发灵感,具备质疑、敢于创造的良好学风,培养严谨细致的科学态度和实事求是的工作作风．

物理实验是物理应用基础教学的一个重要组成部分,也是有关课程实验的基础．应该十分重视,认真学好,要求同学们做到：

1. 实验前须认真预习,对每次实验作全面了解．包括明确实验目标,弄清实验原理,了解仪器的性能,知道实验步骤和实验中应记录数据．

2. 实验时应做到手脑并用,勤动手,善思考．正确使用仪器,按合理步骤操作,并仔细观察实验现象,正确读取被测量的数值及单位,实事求是地记录,绝不能乱凑或篡改数据．

3. 实验后要对所得数据进行分析处理,做出合理的结论．并独立完成实验报告,回答要求的问题,并能提出自己对改进或优化实验的建议．

实验 1　常用工具的使用练习

实 验 目 标

1. 知道常用工具改锥、扳手、电烙铁、试电笔等的结构原理和操作要领

2. 初步学会常用工具的使用方法和技巧

一、改锥的使用

(一) 构造

改锥俗名起子、螺丝刀、旋锉．由杆和柄组成,柄杆同轴,柄半径比杆大得多．按其杆端(或螺丝顶槽),形状分为"一"字(平口)和"十"字(梅花)两类(实验图1-1).

(二) 功能

改锥是一种力矩变换器,主要功能是松卸、紧固螺丝．

（三）使用方法

大、小号改锥使用方法见实验图1-2. 使用要领：锥槽相配、顺杆压旋、右进左退、先退后进．

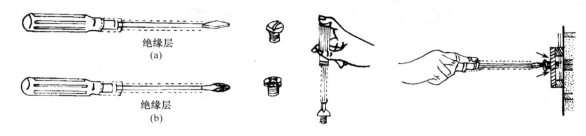

实验图1-1　　　　　　　　　　　　　　　　　　　实验图1-2

锥槽相配　螺丝有大小，因此改锥也有大小．使用时应做到二者相配．改锥型号选用不当，难以松卸、紧固，螺丝槽也易受损．

顺杆压旋　将改锥顶端插入螺丝顶槽，锥杆与螺丝轴线应共线，再力压锥杆而旋．

右进左退　螺纹多为右螺旋线，它是右旋前进，左旋后退的．极少数为左螺旋线，使用与上相反．

先退后进　欲旋动螺丝进入螺母，需先退（左旋），待听到轻微一响（或手感一跌），再进（右旋）．否则易造成咬丝，损坏螺丝、螺母，无法紧固．

（四）实验器材

"一"字、"十"字改锥若干，螺丝、螺母若干，杉木板若干．

（五）实验步骤

1. 按螺丝型号、大小选择适当的改锥．
2. 将螺丝旋进螺母，坚固之．
3. 将螺丝旋出，松卸之．
4. 将两块杉木板坚固成一整体．

二、扳手的使用

（一）构造

扳手分扳头和手柄两部分，它们以高强度材料一体制成（通常为铸钢）．啮合口在扳头上，有封闭式和开口式两种，开口式又有固定式和可调式之分，分别称为固定扳手和活动扳手；活动扳手见实验图1-3所示．封闭式啮合口常为正六边形或四边形．

（二）功能

扳手是一种力矩变换器，主要功能是装卸螺母、螺钉．

（三）使用方法

活动扳手的握法如实验图1-4所示．使用要领：口螺适配、扳螺互垂、力点在柄、力向垂螺、右进左退、退到响止．

口螺适配　扳头啮合口形与螺母、螺钉头外形完全密合．

扳螺互垂　扳头所在平面须与螺母、螺钉轴线互相垂直．

力点在柄　紧固（进）松卸（退）螺母、螺钉的力要作用在柄上．

笔记栏

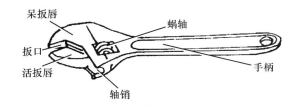

实验图1-3　　　　　　　　　　　　　　实验图1-4

力向垂螺　作用力的方向应垂直于螺母、螺钉轴线.

右进左退　与前同(针对右螺旋线而言).

先退后进　与前同.

(四)实验器材

各种型号扳手,各种规格螺母、螺钉,可供装卸的成品设备若干.

(五)实验步骤

1. 根据螺母、螺钉规格、型号选择扳手,松卸螺母、螺钉各一次.
2. 在成品设备上按上述步骤操作几次.

三、电烙铁的使用

(一)构造

电烙铁按结构分为内热式和外热式两类(实验图1-5).

电烙铁在结构上可划分为烙铁头、烙铁身(发热器)、烙铁柄和电源线四部分.烙铁头为纯铜杆套,有直头和弯头两种;它的尖端可称为烙铁嘴,为吃锡与焊件相触部位.烙铁身为内带电热器的金属管,是烙铁头的依托和加热装置.内热式的烙铁头成套杆状套在烙铁身上;外热式的烙铁头成杆状插在电热器中.烙铁柄是手执部位,常用隔热性能较好的木料或硬塑制成.电源线是烙铁电热器与外电源的连接导线.

(二)功能

电烙铁是一种电热转换器.它的主要功能是将各部件通过低熔点的锡熔铸成一体而焊接起来.

(三)使用方法

电烙铁的使用要领:要焊需上锡,上锡先清洁,洁面焊剂护,热足锡自上,烙铁嘴点焊件,锡熔始撤离,焊剂助光亮.

要焊需上锡　在烙铁嘴、各焊件焊接部位先热镀一薄层锡叫上锡.烙铁不上锡,它就不能吃锡,会传热不畅而造成虚焊或无法熔焊;焊件不上锡会造成假焊、焊点不牢或电阻很大.

上锡先清洁　清洁指去掉烙铁嘴和焊件焊接部位表面的氧化层.不去掉氧化层,锡对它们的附着力小于锡的内聚力,熔锡将不浸润它们,即锡镀不上去.烙铁头不吃锡,既影响传热又不能按需取用锡量,从而造成虚焊、焊接不牢等.

洁面焊剂护　已清洁的表面仍在缓慢氧化之中,受热时氧化得更快.为此,在清洁表面完成之时应立即在其表面涂上一层助焊剂以隔断空气.有的助焊剂(如焊接膏)本身就有清洁的作用.此外,它通常是熔锡的表面活性剂,有减小其表面张力系数,帮助流动(浸润)的作用.最常用的助焊剂有松香、松香浸液和焊锡膏.

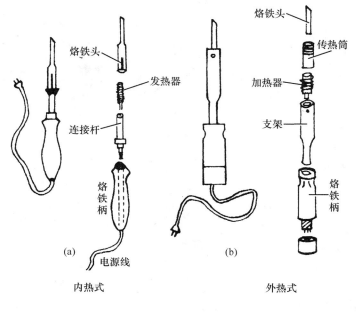

实验图 1-5

热足锡自上　涂了焊剂的烙铁头、焊件部位被加热到焊锡的熔点时,它们触及的熔锡会自动浸润并覆盖相应部位.

烙嘴点焊件　指烙铁嘴加热焊件,使各上焊部位的锡再行熔化铸成一体. 由于上锡层很薄,故通常在烙铁头适量吃锡后再行.

锡熔始撤离　使各涂覆层的锡以及烙铁头带来的锡完全熔化需要一定的时间. 烙铁撤离过早,或者焊接处强度不够,或者只有部分完成焊接,接触时间不够的焊点,锡表面有粗糙感,光亮度差.

焊剂助光亮　熔融的焊锡因温度较高极易氧化,氧化的锡光亮度差,所以用烙铁头实施熔焊时,不仅需要吃锡,最好还让它吃足助焊剂,这时助焊剂会形成极薄的液层包覆在熔融的锡层表面,使焊处光亮.

（四）实验器材

电烙铁、支架、焊锡、助焊剂、焊接件、砂布、小刀若干.

（五）实验步骤

1. "清洁"烙铁嘴及焊接件待焊部位,并分别涂覆助焊剂.

2. 将烙铁接上电源加热,边加热,边在烙铁嘴上覆涂助焊剂,如助焊剂为固体松香,可将烙铁嘴搁在松香上,待助焊剂冒烟,用焊锡在烙铁嘴上摩擦、涂覆,很快可见嘴端白亮,上了一层薄薄的锡层.

3. 让烙铁嘴适量吃锡后紧密接触或摩擦焊接件待焊部位,使其上锡.

4. 各焊件待焊部位按需紧密迭合后,用吃锡并饱含助焊剂的烙铁嘴加热待焊部位,使其熔铸成一体.

5. 重复上述步骤.

（六）注意事项

1. 烙铁身,尤其是烙铁头温度很高,易烫坏衣服、桌椅、设备和皮肤等. 因此,不用时应将其妥善搁置在支架上,不要随意乱放. 烙铁架可自制或购置,也可用耐热物代替.

2. 应警惕烙铁头、身漏电.

四、试电笔的使用

（一）构造

试电笔,因制成钢笔式而得名,也有兼作改锥的. 它主要分笔尖(测试端)、显示窗、笔尾(接触端)(实验图 1-6).

笔身由绝缘材料制成,笔尖、笔尾均为金属材料. 钢笔式试电笔的笔尾通常就是笔挂,旋锉

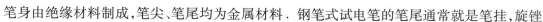

式测电笔的笔尖就是改锥头. 笔身腔中有高值电阻、氖气管、弹簧,它们在笔尖、笔尾间鱼贯连成一串构成微弱电流通路,当人体触及笔尾时,则人体等效电阻与它们构成更弱电流的通路,氖气管位置的管身上有显示窗.

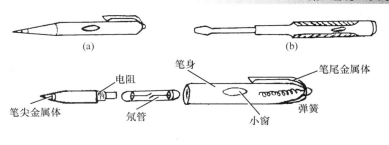

实验图1-6

(二) 功能

当一种设备(如电线、插孔、电动机等设备)带电时,若手触笔尾持笔,使笔尖触及设备,则这时带电设备、电笔、人体、大地构成回路,形成微弱电流,在氖气管两端产生电压降. 氖管只要有约60V电压即可发出橙黄色光,而此时的电流微弱到并不能使人感觉到,所以根据显示窗有无微光即可判定设备是否带电.

(三) 使用方法

试电笔的握法如实验图1-7所示. 使用要领:单手执笔指贴尾,先试有电判笔情,无误尖端测试点,有光有电无光无.

实验图1-7

单手执笔指贴尾 单手执住测电笔身,一指紧密贴触笔尾金属部分.

先试有电判笔情 为防电笔本身损坏造成误判,先在确认有电处测一下.

无误尖端测试点 确认电笔正常后,以笔尖紧密接触待测部位.

有光有电无光无 仔细观察窗口,有光则带电,无光则不带电.

(四) 实验器材

好、坏测电笔各若干.

(五) 实验步骤

1. 在有电处将好、坏电笔区分开.
2. 以确认的好测电笔测试室内供电插座,判别火线、零线.
3. 找到电线裸露处,测试一下是否有电? 外皮是否漏电?
4. 测试一台接在电路上工作的设备外壳看是否带电? 漏电?

(六) 注意事项

测试端与测试物要保证紧密接触,以免误判,有碍人身安全.

1. 看到螺丝顶槽不规整,还有卷口,这是什么原因造成的?

2. 活动扳手有何优点?

3. 助焊剂在焊接中有哪些作用? 为什么?

4. 测试正常供电插座两孔时,必有一孔带电,一孔不带电,这是为什么?

实验 2 长度的测量

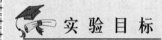

实 验 目 标

1. 了解游标卡尺和螺旋测微器的构造及原理,学会对此仪器的正确使用
2. 测量金属杯的深度、内径及外径,测量圆柱体的体积
3. 了解根据被测量的大小,选用精度相适应仪器的方法

(一) 实验仪器

游标卡尺、螺旋测微器、金属杯、金属棒.

(二) 实验原理

1. 游标卡尺 是一种测量长度的工具(实验图 2-1). 用它测量长度可准确到 0.1mm 或 0.02mm. 这里着重介绍 0.1mm 的卡尺.

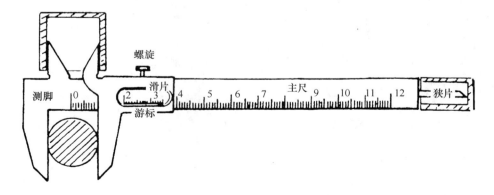

实验图 2-1 游标卡尺

游标卡尺有两个主要部分:主尺和可以沿主尺滑动的游标尺. 主尺上的最小分度值为 1mm. 游标上有 10 个小的分刻度,它们的总长等于 9mm. 因此,游标上每一分度与主尺上

每一最小分度相差0.1mm(实验图2-2).

当游标尺两个测脚合在一起时,游标上的零刻线应和主尺上的零刻线相重合,这时,除了游标上的第十刻线与主尺上的第九刻线重合外,游标上其他各刻线的位置都不与主尺上的刻线相重合. 若在两测脚间放一厚度为0.1mm的纸片,那么,游标就向右移动0.1mm. 这时,游标上第一刻线就会与主尺上的第一根刻线重合. 若在两测脚间放一块厚为0.2mm的薄片时,那么,游标上第二根刻线就和主尺上第二根线重合,以此类推. 所以,只要被测薄片的厚度不到1mm,在游标上第n根刻线与主尺上相应的一根刻线重合时,就表示被测薄片的厚度是0.1mm的n倍.

实验图2-2 游标的刻度

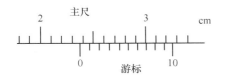

实验图2-3 游标卡尺的读法

在测量大于1mm的长度时,因为两测脚间张开的距离总是等于游标上的零刻线与主尺上零刻线间的距离,所以毫米整数可由游标零刻线所指的主尺上的位置读出. 如实验图2-3表示被测物体之长为23mm多一些,而小于毫米的部分,应该从游标上读出,第七刻线与主尺上的一条线重合,这就表示游标零刻线与主尺的23mm到线相距0.7mm,因此,读数是23.7mm.

这样,我们对十分之几毫米是直接测出的,而不用进行估计. 因此,用这种游标卡尺测长度可以准确到0.1mm,比起用最小分度为1mm的尺子,读数的准确程度提高了10倍.

0.02mm的游标卡尺的刻度方法,跟上面所讲的相同,游标上有50个小等分刻度,它的总长度等于49mm,每一分度长是0.98mm,它的每一分度与主尺的1mm相差0.02mm,用这种游标卡尺测长度可准确到0.02mm.

游标卡尺的读数方法可以归纳成一个一般的读数公式. 设游标卡尺可以准确读到$y$mm. 测量时,游标零刻线在主尺上Kmm刻线的右侧,但不到$(K+1)$mm;游标上第n条刻线与主尺上某一条刻线重合,则此时被测物体的长度为:$L=K+n\times y$(mm).

2. 螺旋测微器(千分尺) 实验图2-4所示的是常用的螺旋测微器. 它的小砧A和固定刻度S固定在框架F上. 旋钮K、微调旋钮K′和可动刻度H(微分筒)、测微螺杆P连在一起,通过精密螺纹套在S上.

精密螺纹的螺距是0.5mm,即旋钮每转一周,测微螺杆P前进或后退0.5mm. 可动刻度分成50等分,每一等分表示0.01mm,这样每转两周,转过100等分时,前进或后退的距离正好足1mm. 用它测量长度可以准确到0.01mm.

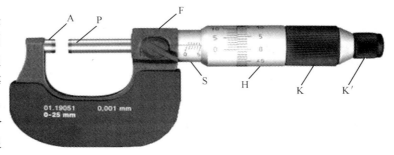

实验图2-4 螺旋测微器

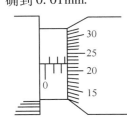

实验图2-5 螺旋测微器的读法

P和A并拢时,如果可动刻度H的零点恰好跟固定刻度S的零点重合,旋出可动小砧P,并使P和A的面正好接触待测长度的两端,那么P向右移动的距离就是所测的长度. 这个距离的整毫米数由固定刻度S上读出,小数部分则由可动刻度片上读出.

在读数的时候. 要注意固定刻度尺上表示半毫米的刻线是否已经露出. 例如实验图2-5所示的读数是2.720mm(别忘了还应估计一位读数),而不是2.72mm. 螺旋测微器在不测量物体长度而使小砧A和P并拢时,微分筒上的零刻度线可能不与主尺上的零刻度横线重合,此时测微器上的读数叫零误差.

若并拢时,微分筒上零刻度线在主尺横线上方三小格,零误差为负值(3×10^{-2} mm),测量结果应加上 0.03mm. 若微分筒上零刻度线在主尺横线下方三小格,则表示零误差为正值(3×10^{-2} mm),测量结果应减去 0.03mm. 同样,如用游标卡尺测量长度时,每次也要加或减零误差.

应该注意的是,螺旋测微器是一种精密的量具,在测量过程中,快靠近被测物体时,应停止使用旋钮 K,改用微调旋钮 K′. 这样,不致在小砧 P 和被测物体间产生过大的压力,既可以使测量结果准确,又可以保护螺旋测微器.

(三) 实验步骤

1. 仔细观察游标卡尺及螺旋测微器的构造,熟悉它的使用.
2. 分别将游标卡尺的两个测脚和螺旋测微器的 F 和 A 并拢,记下零误差(注意正负).
3. 用卡尺的下测脚测金属杯的外径、上测脚测金属杯的内径、尾杆测杯深各 3 次,方位约互为 120°,将测量数据填入表中.
4. 用卡尺测量金属棒的直径和长度各 3 次,方位差约为 120°,记于表中,计算体积.
5. 用螺旋测微仪测量毛发的直径 3 次,记于表中.

(四) 实验记录和计算

	金属杯		
	内径 d(mm)	外径 D(mm)	深度 L(mm)
1			
2			
3			
平均			

	金属棒		
	直径 D(mm)	长度 L(mm)	体积 V(mm³)
1			
2			
3			
平均			

续表

	毛发的直径 $D(mm)$
1	
2	
3	
平均	

1. 用 0.02mm 的游标卡尺测量一物体的长度可准确到多少毫米? 为什么?

2. 螺旋测微器在测量过程中,快靠近被测物体时,应停止使用旋钮 K,改用微调旋钮 K′,为什么?

实验 3　验证力的平行四边形法则

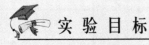

1. 掌握测量共点力的合力的方法

2. 验证力的平行四边形法则

3. 练习矢量的作图法

(一) 实验仪器

三角板、量角器、两个测力计、木板、纸、图钉、细线、橡皮筋.

（二）实验原理

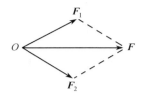

实验图 3-1　共点力的合成

　　求两个互成角度的共点力的合力,可用表示这两个力的有向线段为邻边作平行四边形,其对角线就表示合力的大小和方向,这叫做力的平行四边形法则.如实验图 3-1 所示,F_1、F_2 是作用于 O 点的共点力.根据力的平行四边形法则可知,F 是它们的合力,其大小和方向由分力 F_1、F_2 的大小和方向决定.

（三）实验步骤

　　1. 将木板平放在桌上,在木板上钉一张白纸,把橡皮筋的一端挂在木板的钉子上(实验图 3-2 中 A 点).

　　2. 橡皮筋的另一端结两个细线套,用两个测力计的挂钩分别钩住细线套,互成角度地拉橡皮筋,使橡皮筋伸长(用力适当,不能超过测力计的限度)到一定位置,这时手不能动,用铅笔记下 O 点的位置(实验图 3-2)、两条细线的方向和两个测力计的读数.

　　3. 只用一个测力计拉橡皮筋,仍使橡皮筋伸长到 O 点.此时,一个拉力的作用效果(大小、方向)与两个拉力的作用效果相同.记下测力计的读数和细线的方向.

　　4. 改变测力计的拉力和方向,重做步骤 2、3 两次.

　　5. 用力的图示法,分别将分力 F_1、F_2 及合力 F 表示出来,用直线连接分力与合力的顶点,成一四边形.以分力 F_1、F_2 为边作一平行四边形,再从 O 点引出对角线,标注为 F'.ON 与 ON' 的差值表示误差的大小,ON 与 ON' 间的角度 θ 表示误差的方向(实验图 3-3).

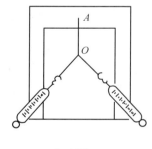

实验图 3-2

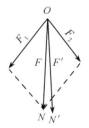

实验图 3-3

（四）实验数据记录与计算

	分力（N）		合力（N）	误差	
	大小	夹角		|ON-ON'|	θ
1	$F_1 =$ $F_2 =$	$\theta =$	$F =$ $F' =$		
2	$F_2 =$ $F_1 =$	$\theta =$	$F_1 =$ $F' =$		
3	$F_1 =$ $F_2 =$	$\theta =$	$F =$ $F' =$		

1. 实验得出什么结论?

2. 实验误差的原因是什么?

3. 若将橡皮筋拉到某点(如 O 点)后,固定 F_1(或 F_2)不变,任意改变 F_2(或 F_1)的大小和方向,能否让力的作用点保持在 O 点? 若用实验检查,实验结果说明了什么?

实验 4　空气相对湿度的测量

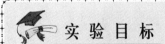

学会正确安装干湿泡湿度计,并测定空气的相对湿度

(一) 实验器材

干湿泡湿度计.

(二) 实验原理

测定空气相对湿度的最常用仪器是干湿泡湿度计. 它是由两支相同的温度计组成,其中一支的小泡包着一层纱带,纱带的下端浸在水的容器中,另一支裸露在空气中(实验图 4-1). 由于水分不断从湿泡温度计蒸发而吸收热量,使湿泡温度比干泡温度(等于室温)低一些. 相对湿度越大,湿泡上水分蒸发得越慢,吸热越少,则干、湿泡温度计所示温差越少;相对湿度越小,湿泡上水分蒸发得越快,吸热越多,则干、湿泡温度计所示温差越大. 因此,只要读出干、湿泡的两只温度计的温度,查相对湿度表,就可得到相对湿度.

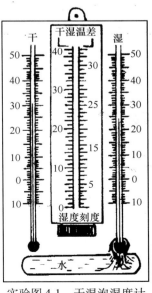

实验图 4-1　干湿泡湿度计

（三）实验步骤

1. 分别在实验室内外通风与不通风的地方安放干湿泡湿度计若干只.
2. 观察干湿泡湿度计,分别读出干泡温度和湿泡温度,求出温差.
3. 分别从相对湿度表中查出各对应温度和温差的相对湿度.

（四）实验数据的记录和计算

地点		干泡温度（℃）	湿泡温度（℃）	干、湿泡温度差（℃）	相对湿度（%）
实验室	通风处				
	不通风处				

所测相对湿度对人体健康是否合适? 如过大或过小,人们有什么感觉?

实验 5　血压计的使用

 实 验 目 标

1. 知道汞柱式血压计的结构及各部件的作用
2. 会用血压计测量人的血压

（一）实验器材

汞柱式血压计、听诊器.

（二）实验步骤

1. 将汞柱式血压计放（实验图 5-1）平后,按揿锁定钮,使其上盖自行弹开.
2. 揭开上盖,直至与底盒垂直,并自行锁定为止.
3. 取出气袋和打气球,检查其连通部位有否脱离、异常.
4. 打开水银槽开关,把"U"形压强计底部阀门杆拨向"通位".
5. 锁定充气球,试行向气袋适量充气后应无漏气声,上升的水银柱也应始终稳定,则可判血压计正常. 旋松充气球销定螺母,将气放完待用.
6. 将气袋裹扎在待测者左（右）上肢肘窝肱动脉处,并与心脏保持同一高度.

 笔记栏

7. 将听诊器探头的感受面贴着肱动脉处,戴上听诊器,此时可听到血流的搏动声.

8. 关闭气门,用打气球向气袋打气加压至肱动脉搏动声消失,中断血流. 再继续打气加压,使其压强再增4kPa左右(相当于30mmHg).

9. 慢慢放气减压,使水银柱慢慢下降,当从听诊器听到第一声搏动声时,此时所对应的水银柱的示数为收缩压.

10. 继续慢慢放气减压,当搏动声突然变弱或消失而转变为连续的血流声时,此时所对应的水银柱的示数为舒张压.

11. 重复 8~10 步骤,测量三次,求平均值,采用收缩压/舒张压的格式记录结果.

12. 整理仪器. 排尽气袋余气;血压计向右倾斜45°时关闭水银槽开关. 将各部件平整地放入盒内盖好.

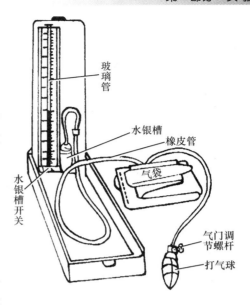

实验图 5-1　汞柱立式血压计

(三) 实验数据记录与计算

次　数	1	2	3	平均值	实验结果记录
收缩压(kPa)					
舒张压(kPa)					

1. 血压计使用时,上盖为什么一定要垂直底盒?

2. 血压测量处为什么要与心脏保持同一高度?

实验 6 液体黏度的测定

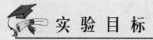

实 验 目 标

1. 用间接比较法测定液体的黏度
2. 学会正确使用温度计、秒表等仪器
3. 了解液体黏度与温度的关系

(一) 实验仪器

奥氏黏度计、温度计、秒表、烧杯(或水槽)、橡皮管、橡皮球、蒸馏水、乙醇.

(二) 实验原理

设黏度为 η 的液体,沿长度为 L,截面积为 S 的均匀水平管作稳定流动,两端的压强差 Δp 恒定不变,则流过流管横截面液体的体积 V 随时间呈正比性变化,即

$$V = \frac{1}{8\pi} \cdot \frac{S^2 \Delta p t}{\eta L} \tag{6-1}$$

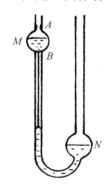

实验图 6-1 奥氏黏度计

上式称为泊肃叶公式.

奥氏黏度计的结构如实验图 6-1 所示,它是带有两个球泡 M 和 N 的 U 形玻璃管,M 泡的两端各有一刻痕 A 和 B,以控制两种液体流过毛细管的体积相等. 测定时,一般用纯水作标准液体,先将纯水注入黏度计的 N 泡,再将水吸到 M 泡内,并使水面达到刻痕 A 以上,由于压强差的作用,水经毛细管流入 N 泡. 当水面从刻痕 A 逐渐降至刻痕 B 时,记下时间 t_1. 再在 N 泡内换以相同体积的待测液体,用同法测出相应的时间 t_2. 根据公式(6-1). 应有

$$V = \frac{S^2 \cdot \Delta p_1 t_1}{8\pi\eta_1 L} = \frac{S^2 \cdot \Delta p_2 t_2}{8\pi\eta_2 L}$$

即

$$\frac{\eta_2}{\eta_1} = \frac{\Delta p_2 t_2}{\Delta p_1 t_1} \tag{6-2}$$

式中,η_1、η_2 是水和待测液体的黏度;Δp_1、Δp_2 是水和待测液体在毛细管中两端的压强差. 液体沿毛细管流动过程中,毛细管两端液体的压强差 Δp 与液体的密度 ρ 和黏度计两臂中液面的高度差 Δh 的乘积成正比. 其中,Δh 虽在不断地变化,但在两次实验中,Δh 的变化情况完全相同,因此:

$$\frac{\Delta p_2}{\Delta p_1} = \frac{\Delta h \rho_2}{\Delta h \rho_1} = \frac{\rho_2}{\rho_1}$$

代入(6-2)式可得近似公式:

$$\eta_2 = \frac{\rho_2 t_2}{\rho_1 t_1} \times \eta_1 \tag{6-3}$$

从手册中查出室温下水的黏度及水和待测液体的密度 ρ_1、ρ_2 后,根据(6-3)式即可算出室温下待测液体的黏度 η_2. 如果要测量其他温度下待测液体的黏度,可把黏度计放入恒温槽中进行.

如在实验测量中,控制某些相同的条件,根据公式相比较. 约去相同的物理量,此时,只需测定少数的量后,即可计算得到实验结果,此方法叫做间接比较法. 在本实验中,是控制体积 V 相等的两种液体,在液面高度差变化相同的情况下,流过同一毛细管

（L 和 S 相同），查出 η、ρ_1、ρ_2，只需测定 t_1、t_2，即可求出 η_2，使得测量的操作过程大为简化，这是物理实验常用的基本方法．

（三）实验步骤

1. 熟悉秒表的使用．

2. 将烧杯充满水，把已经干燥的黏度计垂直地固定在烧杯中，并使 A 刻线在液面下，以保证测量过程中待测液体的温度稳定，并等于烧杯中的水温（图6-2）.

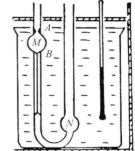

　测量时应注意：为避免毛细管清洗后水分不易甩干，在实际测量中可先测乙醇，再测水；在两次测量中，应保持毛细管竖直放置；水和乙醇的体积应相等．

3. 用移液管将乙醇由黏度计粗管口注入，使其充满 N 泡. 数分钟后，当水温等于室温时，用橡皮球缓慢地吸气，把液体吸到 M 泡中．并使液面高于 A 刻线（注意勿将液体吸入橡皮球中）．然后让液体自然流下．当液面流经 A 刻线时启动秒表，液面流经 B 刻线时关秒表．记下乙醇流过毛细管的时间 t_2．重复两次取平均值．

实验图6-2　黏度测定装置

4. 倒出乙醇，用蒸馏水冲洗黏度计三次，并甩干，装入同体积的蒸馏水，仿步骤3的操作，重复两次，测定水通过毛细管的时间 $t_1{}'$.

5. 用热水调节水槽中的水温，仿步骤3、4重复测定．

（四）实验记录和计算

	测试温度（℃）	测试液体	时间（s）			密度（kg/m³）	黏度（×10^{-3}Pa·s）
			1	2	平均		
1		水					
		乙醇					
2		水					
		乙醇					

$$\eta_2 = \frac{\rho_2 t_2}{\rho_1 t_1} \times \eta_1 =$$

$$\eta_2 = \frac{\rho'_2 t'_2}{\rho'_1 t'_1} \times \eta_1 =$$

（五）实验问答

1. 根据实验测定，乙醇的黏度怎样随温度变化？

2. 本实验采用间接比较法测液体的黏度，有何优点？测量过程中，应控制哪些相同的条件？

笔记栏

实验表 6-1   水和乙醇的密度 ρ ($\times 10^3$ kg/m^3)

温度(℃)	0	5	10	11	12	13	14	15	16	17	18	19
水	0.999 84	0.999 97	0.999 70	0.999 61	0.999 50	0.999 38	0.999 25	0.999 10	0.998 95	0.998 78	0.998 60	0.998 40
乙醇	0.806	0.802	0.798	0.797	0.796	0.795	0.795	0.794	0.793	0.792	0.791	0.790

温度(℃)	20	21	22	23	24	25	26	27	28	29	30
水	0.998 21	0.998 00	0.997 78	0.997 54	0.997 30	0.997 05	0.996 79	0.996 52	0.996 24	0.995 95	0.995 65
乙醇	0.789	0.788	0.787	0.786	0.786	0.785	0.784	0.784	0.783	0.782	0.781

实验表 6-2   水和乙醇的黏度 η ($\times 10^{-3}$ Pa·s)

温度(℃)	0	10	15	16	17	18	19	20
水	1.787	1.307	1.139	1.109	1.081	1.053	1.027	1.002
乙醇	1.785	1.451	1.345	1.320	1.290	1.265	1.238	1.216

温度(℃)	21	22	23	24	25	30	40
水	0.9779	0.9548	0.9325	0.9111	0.8904	0.7975	0.6529
乙醇	1.188	1.186	1.143	1.123	1.103	0.991	0.823

实验 7   万用电表的使用

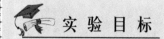

实 验 目 标

1. 了解万用电表的结构和基本原理
2. 会用万用电表测电阻、电压和电流

(一) 实验仪器

万用电表、直流低压电源、交流电源、固定电阻、开关、导线若干.

(二) 实验原理

万用电表是能测量多种电学量的仪表.表面分表盘、功能转换装置和表笔连线插孔三部分(实验图 7-1).表盘上有相应电学量的刻度线和指针,功能转换开关,使万用表能按需选择电学量及其量程;表笔连线供万用表与外电路连接之用.它通常能测量电阻、直流电压、交流电压、直流电流和交流电流等,是电路测试和检查电器元件的常用仪器.

测电阻时,应先将万用表的转换开关置于适当的电阻档量程上,再把两表笔相短接,调整调零旋钮,使指针指在"0"欧姆处,然后用表笔紧密接触待测电阻两端.在"Ω"刻度线上进行读数,乘上所选倍数,即为待测电阻值.

测直流电压时,应把选择开关置于直流电压档的某一适当的量程上,表跟被测部分并联,红表笔接高电势点,黑表笔接低电势点,在相应刻度线上读数.量程的选用要稍大于实际电压的估计值.无法估计时,从最大量程开始试测酌定.

测交流电压时,应把选择开关置于交流电压档的某一适当的量程上.表跟被测部分并联,无需区分表笔的正负;量程选用方法同测直流电压.

笔记栏

测直流电流时,应把选择开关置于直流电流档的某一适当的量程上,把万用表串入待测电路中;并使电流从红表笔流进,黑表笔流出,在相应刻度线上读数.量程选用方法同上.

测交流电流方法同上,无需区分表笔正负.

(三) 注意事项

1. 表盘上"Ω"刻度线刻度顺序系由右到左,与其他电学量刻度线顺序正好相反.

2. 使用前观察指针是否在零位,有偏离须调零后再用.

3. 随时注意改测电学量时必须换档换量程.

4. 万用表处于"Ω"和"A"工作状态时严禁和带电电路及器件并接.

5. 测量时,注意手不要碰到表笔的金属触针,以保证安全和测量准确;使用后要把表笔从试笔插孔中拔

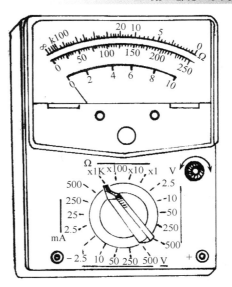

实验图 7-1 万用表

出,并且不能把选择开关置于欧姆档,应将选择开关置于空档或交流电压最高档,以防漏电和下次使用误操作而损坏仪表,长期不用应将电池取出.

(四) 实验步骤

1. 测量电阻

(1) 选择万用电表适当的欧姆档量程,调节欧姆调零旋钮,使指示针指在电阻刻度的零位上.

(2) 分别测量 R_1、R_2、R_3、R_4、R_5 的阻值记于实验表 7-1 中.

(3) 将 R_1、R_2、R_3 串联[实验图 7-2(a)];将 R_4、R_5 并联[实验图 7-1(b)].

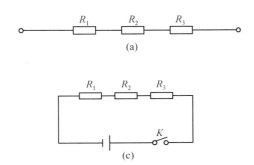

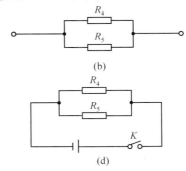

实验图 7-2

(4) 分别测量 R_1、R_2、R_3 串联的总电阻和 R_4、R_5 并联的总电阻,记录于实验表 7-1 中.

2. 测量直流电压

(1) 分别按实验图 7-2(c)和实验图 7-2(d)连接电路.

(2) 选择万用表适当的直流电压档量程.

(3) 测量 R_1、R_2、R_3、R_4、R_5 上的电压,记录于实验表 7-2 中.

(4) 分别测量 R_1、R_2、R_3 串联的总电压,R_4、R_5 并联的总电压,记录于实验表 7-2 中.

3. 测量直流电流(保留以上电路连接)

(1) 选择万用电表适当的直流电流档量程.

(2) 测量通过 R_1、R_2、R_3、R_4、R_5 的电流,记录于实验表 7-3 中.

(3) 测量通过实验图 7-2(c)和 7-2(d)干路的总电流,记录于实验表 7-3 中.

4. 测量交流电压

1. 选择万用电表适当的交流电压档量程.

2. 测量实验室内的交流电源输出电压,记录数据.

5. 实验数据的记录和计算

实验表 7-1　电阻的测量

电阻	R_1	R_2	R_3	R_4	R_5	$R_1 + R_2 + R_3$	$\dfrac{R_4 \cdot R_5}{R_4 + R_5}$
电阻值							

实验表 7-2　电压的测量

	U_1	U_2	U_3	$U_串$	U_4	U_5	$U_并$
R_1、R_2、R_3 串联					–	–	–
R_4、R_5 并联	–	–	–	–			

实验表 7-3　电流的测量

	I_1	I_2	I_3	$I_串$	I_4	I_5	$I_并$
R_1、R_2、R_3 串联					–	–	–
R_4、R_5 并联	–	–	–	–			

交流电压:＿＿＿＿＿＿ V.

1. 测电流时,万用电表为什么只能串接在电路中而不能并接?

2. 用万用表判定电路、电器的通断时应选用什么工作状态? 为什么?

实验 8　紫外线灯电路的安装及常见故障的排除

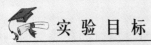

实　验　目　标

1. 学会安装紫外线灯电路,培养操作技能
2. 练习紫外线灯电路常见故障的排除

(一) 实验器材

紫外线灯管、启辉器、镇流器、保险盒、开关、导线、插头.

(二) 实验原理

1. 紫外线灯的基本结构　紫外线灯由灯管、镇流器、启辉器、灯座等部分组成.

（1）灯管:紫外线灯的灯管由灯丝、灯头和石英玻璃管等部分组成. 管内有微量的氩气和稀薄的水银蒸气,当灯接入电路后,水银蒸气导电,放出紫外线. 灯管是紫外线灯电路的主要组成部分.

（2）启辉器:启辉器由氖泡、小电容、绝缘底座和外壳等部分组成. 因启辉器的氖泡能自动接通和切断电路. 并联在氖泡上的小电容主要有两个作用:一是与镇流器线圈形成 *LC* 振荡电路,以延长灯丝的预热时间和维持脉冲电动势;二是吸收能干扰收音机和电视机等电子装置的杂波.

（3）镇流器:镇流器又叫限流器,由铁芯和电感线圈组成. 镇流器的主要作用是限制通过灯管的电流和产生脉冲电动势,使紫外线灯点亮和工作. 镇流器的规格也要和灯管功率相配套.

（4）灯座:常用灯座有插入式(弹簧式)和开启式两种. 灯座用于固定灯管和连通紫外线灯电路,灯座要与灯管上的灯头相配套.

2. 紫外线灯的工作原理　紫外线灯的工作全过程分启辉和工作两种状态(实验图 8-1).

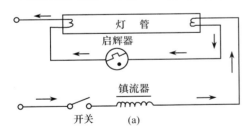
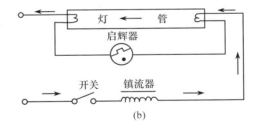

实验图 8-1

当紫外线灯接通电源后,启辉器的两个电极间开始启辉放电,使 U 形双金属片受热膨胀与静片接触,此时,电源、镇流器、灯丝和启辉器构成闭合回路,使阴极得到预热,预热时间一般为 1～3s[实验图 8-1(a)]. 同时,在启辉器的两个电极接通后启辉放电就消失了,双金属片因冷缩而与静触片分开. 就在两个电极分开的瞬间,电路中电流突然消失,于是镇流器两端产生一个为电源电压 4～5 倍的感应电动势,这个脉冲电动势加在灯管两端,使灯管内气体电离而引起弧光放电,辐射出紫外线和紫光等. 启动以后,镇流器起着限流的作用,保证紫外线灯正常工作[实验图 8-1(b)].

(三) 紫外线灯电路常发生的故障及排除方法

1. 当紫外线灯电路的电源接通后,启辉器不跳动,灯管不工作

（1）供电部门因故停电或电源电压太低. 可使用万用电表检查电源电压.

（2）电路中有断路或接触不良. 用万用电表的欧姆档检查灯丝、镇流器是否断路,若断路需更换新器件．用小改锥轻触，检查有无接触不良（必要时用万用电表检查）．取下启辉器用导线搭接电路，若紫光灯能工作说明是启辉器损坏，更换启辉器，否则不是启辉器故障．

2. 新灯管接入电路后灯丝立即烧断

（1）电路接线错误．对照电路图检查接线．

（2）镇流器短路．可用万用电表检查镇流器．

（3）灯管质量有问题．若（1）、（2）无误，但合上开关灯管立即冒出白烟而烧毁，这是由于灯管严重漏气引起的，应更换灯管．

3. 合上开关，灯管两端发红，中间无紫光出现，灯管不能正常工作 　启辉器不起作用．应更换启辉器．

4. 通电后，启辉器的氖泡一直在跳动，而灯管不能正常工作或很久才能工作

（1）电源电压过低，可用万用电表检查．

（2）灯管衰老．

（3）镇流器与灯管不配套．检查镇流器规格与灯管功率是否配套．

（4）启辉器故障．

（5）环境温度过低，管内气体难以电离．

若出现此类故障，应迅速检修，否则会影响灯管寿命．

5. 使用过程中，镇流器的蜂音很大

（1）电源电压过高，用万用电表检查．

（2）镇流器位置安装不当，变换位置即可．

（3）镇流器质量较差或长时间使用内部松动，夹紧镇流器铁芯钢片即可．

若降压、变位、夹紧镇流器的铁芯钢片仍不能减小蜂音，可考虑更换镇流器．

6. 使用过程中，出现镇流器过热或绝缘物外溢

（1）镇流器质量差，应更换．

（2）电源电压过高，可用万用表检查．

（3）启辉器故障，检查启辉器内部电容是否被击穿，氖泡内金属片是否搭接．

7. 在断电后，紫外线灯管中仍有微光

（1）接线错误，错把开关接在零线上．应重新正确接线．

（2）开关漏电，更换开关．

（四）实验步骤

1. 按照要求清理工具器材．
2. 按实验图连接电路．
3. 检查电路无误方可通电．
4. 练习排除紫外线灯电路故障．

1. 紫外线灯电路的镇流器和启辉器各有哪些作用？

2. 紫外线灯和日光灯有何异同？

实验9 凸透镜焦距的测定和照相机的使用

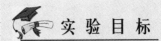 **实 验 目 标**

1. 掌握凸透镜焦距的测量方法
2. 知道照相机的结构、原理及各部分的功能
3. 练习操作摄影

一、凸透镜焦距的测定

(一) 实验器材

光具座、凸透镜、光屏(毛玻璃)、光源(蜡烛)、直尺.

(二) 实验原理

凸透镜能把平行于主轴的入射光线会聚于主轴上的一点,这个点叫做凸透镜的焦点.薄透镜的焦点到透镜光心的距离叫做焦距,用 f 表示.

设用 u 表示物距,v 表示像距,那么

$$1/u + 1/v = 1/f$$

这就是透镜成像的公式.实验中如测量了物距 u 和像距 v,根据透镜成像公式,即可计算出透镜的焦距 f(实验图9-1).

(三) 实验步骤

1. 聚集太阳光测定凸透镜焦距.可认为太阳光是平行光,把凸透镜正对着太阳,在凸透镜后面放一张白纸,调节透镜与白纸间的距离,直到白纸上的光斑最小为止,此光斑所在位置就是凸透镜的焦点.这时用直尺量出凸透镜和光斑间的距离,此距离就近似等于凸透镜的焦距.

2. 透镜公式法测焦距

(1) 如实验图9-2所示把蜡烛、凸透镜、光屏(毛玻璃),依次地安装在光具座上.调节透镜光心、光屏中心、蜡烛焰心等高,透镜光轴与光具座平行,光屏与光具座相互垂直.

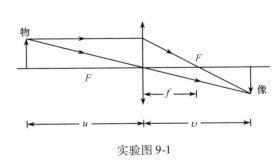

实验图9-1

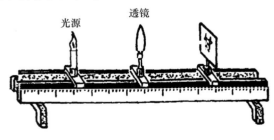

实验图9-2

(2) 调节蜡烛和光屏间的距离,使蜡烛的倒像清晰地呈现在光屏上,量出蜡烛到透镜光心的距离(物距)u 和光屏到透镜光心的距离(像距)v,记录于表中.

(3) 改变蜡烛的位置,调节光屏与透镜间的距离使像清晰,测量物距和像距.

(4) 仿步骤(3),再测一次物距和像距.

（5）分别计算出凸透镜的焦距，求平均值.

（四）实验数据的记录和计算

1. 聚焦太阳光测得的凸透镜的焦距 $f =$ _____ cm.
2. 透镜公式法测焦距.

	物距 $u(\text{cm})$	像距 $v(\text{cm})$	焦距 $f(\text{cm})$
1			
2			
3			
凸透镜焦距测量平均值：$f =$ _____ cm			

二、照相机的使用

（一）实验器材

照相机、胶卷.

（二）实验原理

照相机是利用凸透镜成缩小实像原理制成的. 其基本结构原理如实验图9-3所示. 主要部分有镜头、光圈、快门、取景装置等. 镜头通常用 3～8 块透镜组成，它的作用相当于一个凸透镜，来自拍摄主体的光，经透镜折射会聚成像在底片上.

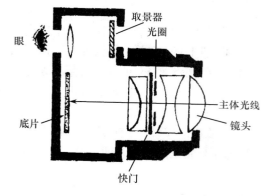

照相机基本结构简图
实验图 9-3

光圈是一种装在镜头内用以调节镜头有效通光口径的装置（实验图9-4）. 常用光圈系数分 1.4、2、2.8、4、5.6、8、11、16、22 几档，光圈数刻在光圈环上. 光圈数越大，则镜头通光口径越小，即进光量越少，后一档光圈的进光量只有前一档的一半.

快门用来控制镜头的进光时间，它和光圈一起控制着底片的曝光量. 快门数 1、2、4、8、15、30、60、100、200 等分别表示曝光时间为1s、1/2s、1/4s、1/8…1/60s、1/100s 和 1/200s. 可见，快门数越大，曝光时间越短.

快门数和光圈数配合得当，就能使底片获得恰当的曝光量. 不同的光圈数和快门数相配合，可以得到相同的暴光量，但拍出的照片却有差别. 例如，光圈数8、快门数100 相配合的暴光量虽与光圈数5.6、快门数200 相配合的暴光量相同，但小光圈拍出的照片景深长（即物体前后的景物清楚），大光圈（光圈系数小）拍出的照片景深短，但作为被拍主体的人和物更突出.

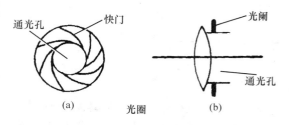

实验图 9-4

笔记栏

取景装置又称为观察器,是用来选择景物范围,帮助构图的辅助装置.

对准景物调焦距是调节镜头到底片的距离,使景物在底片上成清晰的像.照相机的镜头上刻有物距标尺,一般以米为单位,从1m到无穷远,如1.3、1.7、2、2.5、3、4、5、7、10、20、∝.

(三) 实验步骤

1. 装底片　将暗盒的狭缝朝向卷片轴,药膜面向镜头.将暗盒装入相机,拉出片头插入卷轴,使齿孔跟齿轮啮合,转动底片一周后,盖上后盖,待计数器显示"1"字样时方可拍摄.

2. 取景　确定拍摄主体,根据主体特征及要求选好背景,力求使景物配合最佳.

3. 控制曝光量　根据当时的光线条件和主体特点,选取光圈大小,确定快门数.景物明亮或光圈指数小,要求曝光时间短;景物暗或光圈指数大,要求曝光时间长.

4. 调焦　先目测或步测镜头至拍摄主体的距离,把物距标尺对在该距离处.将镜头对准拍摄主体,慢慢调节调焦环上的标距,直到在取景器中看到最清晰的像.

5. 拍摄　调焦结束后按动快门拍摄.

(四) 注意事项

1. 装胶卷时,切防胶卷感光失效.
2. 按动快门,应轻巧,手勿颤动.
3. 照相机是精密光学仪器,要注意保养,应防尘、防潮、防高温、防摔震.

1. 聚焦太阳光法和公式法测薄透镜的焦距,各有何优缺点?

2. 使用照相机拍照的方法步骤主要有哪些?

3. 按快门时,手抖动会造成什么不良后果?

(李长驰　吴育珊)

参考文献

董品泸.1997.物理学.第3版.成都:四川科学技术出版社
刘发武.1999.物理学.北京:人民卫生出版社
孟章书.2003.物理学.北京:科学出版社
徐龙海.2003.物理学.北京:科学出版社

练 习 1

1. 质点

2. 加速度

3. 自由落体运动

1. 加速度是表明物体速度_____的物理量. 一辆质量为 1000kg, 速度为 10m/s 的汽车紧急刹车后, 经 4s 钟停下来, 其加速度的大小为_____m/s^2, 方向与汽车的前进方向_____.

2. 质量为 50kg 的人爬上 20m 高的八楼, 做功_____J; 心脏每小时做功 32 400J, 则心脏的功率是_____W.

3. 自由落体运动的实质是初速度为零的_____运动, 其加速度的大小是_____m/s^2, 方向为_____. 一质量为 1kg 的物体在 10m 高处自由下落, 其到达地面时的速度是_____m/s.

4. 如练习图 1-1 所示, 对于骨折病人, 外科常用一定大小和方向的力牵引患部来平衡伤部肌肉的回缩力, 有利于骨折的定位康复. 若重物重 40N, 绳子间夹角为 90°, 则作用在患部的牵引力是_____N.

练习图 1-1

笔记栏

24

三、选择题

1. 下列说法错误的是 　　　　　　　　　　　　　　　　　　　　　　（　　）

   A. 物体的速度很大,加速度可能很小

   B. 加速度为零,速度不一定为零

   C. 当质点作方向不变的直线运动时,位移的大小等于路程

   D. 加速度是描述物体速度变化大小的物理量

2. 下列说法正确的是 　　　　　　　　　　　　　　　　　　　　　　（　　）

   A. 作用力和反作用力大小相等,方向相反,合力为零

   B. 放在水平桌面上的物体静止不动,原因是物体所受的重力与桌面支持物体的力大小相等,方向相反

   C. 作用力和反作用力就是一对平衡力

   D. 拔河比赛甲方胜于乙方是由于甲方施于乙方的力大于乙方施于甲方的力

3. 竖直向上抛出一个物体(不计空气阻力)经一段时间后物体落回抛出点,下面说法正确的是

   　　　　　　　　　　　　　　　　　　　　　　　　　　　　　　（　　）

   A. 整个过程加速度的大小和方向都不变

   B. 加速度大小改变,方向不变

   C. 加速度方向改变,大小改变

   D. 加速度大小和方向都发生改变

四、问答与计算题

1. 质量为20kg的护理车在水平面上用30N的水平力推动它,其产生的加速度为1m/s²,问其受到的水平方向的阻力是多大?

2. 老年人和体弱者由蹲位突然站起来,为什么常会感到眩晕,甚至出现两眼发黑现象?

（蔡玉娜）

练 习 2

一、名词解释

1. 简谐振动

2. 共振

3. 噪音

二、填空题

1. 产生共振的条件是_____.
2. 乐音的三要素是_____、_____和_____.
3. 防止噪音的方法有_____、_____和_____.
4. 超声波的特性是_____、_____、_____,主要作用有_____和
   _____. 超声波用于透热治疗时,强度一般控制在_____W/m²以下.

三、选择题

1. 弹簧振子在 10cm 范围内振动,2s 内完成 10 次全振动,则其振幅、周期、频率分别为 （   ）
   A. 10cm,5s,0.2Hz   B. 5cm,5s,0.2Hz
   C. 10cm,0.5s,2Hz   D. 5cm,0.2s,5Hz

2. 某教师讲课时声音的声强为 10^{-5} W/m²,其讲课声音的声强级为   （   ）
   A. 50dB   B. 60dB   C. 70dB   D. 7dB

3. 下列说法错误的是   （   ）
   A. 波源振动一个周期,波在介质中就向前推移动一个波长
   B. 声波是纵波
   C. 波由一种介质进入另一介质时波的频率相应会发生变化
   D. 超声波的频率在 20 000Hz 以上

4. 下列说法正确的是   （   ）
   A. 利用正压电效应可发射超声波

B. 声强是人们主观感觉到的声音的强弱

C. 利用超声波的热作用可进行碎石治疗

D. 超声波在空气中传播衰弱很快,在液体和固体中有很强的穿透性

四、简答与计算题

1. 在空气中波长为 17m,传播速度为 340m/s 的声波在骨络中传播时的频率是多少?

2. 简述乐音与噪音对人体健康的影响,以及控制噪音的方法.

（蔡玉娜）

练 习 3

一、名词解释

1. 正压和负压

2. 毛细现象

3. 气体栓塞

4. 相对湿度

二、填空题

1. 病房潮湿的原因是_____湿度过大,使用高压氧瓶对病员输氧,必须_____和_____后再输给病人;人最适宜的相对湿度是_____.

2. 血压计由_____、_____和_____三部分组成.测量血压时,把气袋缚在病人上肢与_____等高部位.若测得某人的舒张压为 11kPa,收缩压为 16kPa,应记录为_____.

3. 静脉注射应特别注意防止在注射器中留有_____,以免在微细血管中发生栓塞.

4. 如果缺乏_____物质,则很多肺泡将因大小不等而无法稳定,表面张力增大,功能就发生障碍,易发生肺不张.

三、选择题

1. 下列说法错误的是 （ ）
   A. 浸润和不浸润现象是分子作用力的表现
   B. 普通手术缝合线先经过蜡处理,是为了破坏毛细作用,杜绝细菌感染
   C. 液体表面层相邻部分间的引力称为液体表面张力
   D. 不浸润液体在细管中上升的现象叫做毛细现象

2. 在半膨胀的肺中,若肺泡的平均半径为 $5 \times 10^{-5} \mathrm{m}$,肺泡的表面张力系数为 $50 \times 10^{-3} \mathrm{N/m}$,则肺泡中的附加压强为 （ ）
   A. $4 \times 10^3 \mathrm{Pa}$　　　　　　　　　　B. $2 \times 10^3 \mathrm{Pa}$
   C. $1 \times 10^{-3} \mathrm{Pa}$　　　　　　　　　D. $2 \times 10^{-3} \mathrm{Pa}$

3. 在室温(20℃)下,空气的绝对湿度是 $p = 0.702 \mathrm{kPa}$,则空气的相对湿度是 （ ）
   A. 0.3　　　　　　　　　　　　　　　B. 3.33
   C. 30%　　　　　　　　　　　　　　　D. 3%

4. 下列说法正确的是 （ ）
   A. 正压和负压是指压强为正值和负值
   B. 稳流就是层流
   C. 用干湿泡湿度计测量相对湿度时,干湿泡温度计的温度差越大,表明相对湿度越小
   D. 血液在血管中的流速跟总截面积成正比,故主动脉中血液流速比毛细血管中大

四、简答与计算题

1. 将一根直径为 1mm 的干净毛细管插入水中,水的表面张力系数为 $75 \times 10^{-3} \mathrm{N/m}$,求水在管中上升的高度($g = 10 \mathrm{m/s}^2$).

笔记栏

2. 自来水管两处截面直径 $D_1 : D_2 = 1 : 2$,细处水流速是 $0.4\mathrm{m/s}$,粗处的水流速度是多少?

3. 潜水员从深水处上来或病人从高压氧舱出来,为什么必须有一个逐渐减压的缓冲时间?

（肖光华）

练 习 4

一、名词解释

1. 电场强度

2. 电源电动势

3. 磁感强度

4. 交流电

5. 电磁波

二、填空题

1. 电场是存在于_____周围空间的一种特殊物质,电场中某处场强的方向,规定为在该点的受力方向. 磁场为存在于_____和_____周围的一种特殊物质,磁场中某点的磁场方向,规定为放在该点的小磁针静止时的_____指向.

2. 在真空中有一电量为 1×10^2 C 的点电荷 A. 离点电荷 0.1 m 处的电场强度的大小为_____;若在该处放一电量为 -10^{-2} C 的检验电荷,则检验电荷受到的电场力的大小为_____,方向为_____.

3. 我国工农业生产和日常生活中使用的交流电,其周期是_____s,频率是_____Hz;对交流电,若没有特别说明,指的都是它的_____值;在照明电路中,火线对地的电压是_____V.

4. 交流电疗分三种,它们的名称和频率范围分别为_____、_____和_____.

三、选择题

1. 下列说法正确的是　　　　　　　　　　　　　　　　　　　　　　　( )
   A. 通常规定 12V 以下的电压为安全电压
   B. 触电是指有电流通过人体
   C. 紫外线是由低温物体辐射出来的,杀菌能力强
   D. 红外线的显著特性是热效应大

2. 下列说法错误的是　　　　　　　　　　　　　　　　　　　　　　　( )
   A. 电场中各点电势沿电场线方向逐点降低
   B. 判断磁场对电流的作用力的方向,用左手定则
   C. 一个闭合面中,只要有磁感线穿过,就有电流产生
   D. 镇流器在紫外线灯电路中起升压、限流作用

3. 一阻值为 10Ω 的用电器和一内阻为 0.1Ω 的电源组成串联电路,若通过用电器的电流强度为 1A,则电源的电动势为　　　　　　　　　　　　　　( )
   A. 10V
   C. 10.1V
   B. 9.9V
   D. 11V

四、简答作图与计算题

1. 下列练习图 4-1 是通电导线在磁场中的受力图,将图中所缺画的电流或受力方向标画出来.

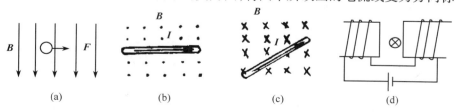

(a)　　　　　　(b)　　　　　　(c)　　　　　　(d)

练习图 4-1

笔记栏

2. 在静息状态时,细胞膜外聚集正电荷并均匀分布,膜内也聚集等数量的负电荷并均匀分布,从而使得膜内外有电势差存在. 如果电势差为 8.0×10^{-2}V.

（1）选膜内电势为零时,膜外电势是多大?

（2）使带电量为 1.6×10^{-19}C 的钠离子从膜外进入膜内,是什么力做功? 做了多少功?

3. 如图练习 4-2 所示,闭合回路中的一段 4cm 长的直导线,在 $B = 0.6$T 的匀强磁场中,以 $v = 4$m/s 的速度垂直切割磁感线,运动方向和导线垂直.

（1）在图中标出导线中感生电流的方向.

（2）求导线中产生的感生电动势.

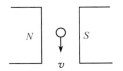

练习图 4-2

4. 什么叫做短路和断路? 为减少短路事故造成的损失,应采用什么措施?

（肖光华）

练 习 5

一、名词解释

1. 临界角

2. 简约眼

3. 眼的调节

4. 视力

二、填空题

1. 当光从空气以 45° 入射角入射到某介质时,其折射角为 30°,则该介质的折射率是_____.
产生全反射的条件是_____.

2. 能在物体同侧生成正立、缩小的虚像的透镜是_____;能在同侧生成正立、放大的虚像的透镜是_____.

3. 眼睛的光学系统可简化_____;正常眼的远点在_____;眼睛的明视距离为_____;近视眼是_____,矫正的方法是_____;某近视眼的最小视角为 10 分,其国际标准视力为_____,国家标准对数视力为_____.

三、选择题

1. 下列说法错误的是   （   ）
   A. 光线由空气进入水可产生全反射
   B. 真空与其他介质比较,都称得上是光疏介质
   C. 通过三棱镜的光线,向三棱镜的底面偏折
   D. 光线由水斜射入空气可产生全反射现象

2. 下列说法正确的是   （   ）
   A. 一近视眼镜为 -200D,其透镜的焦距为 0.5m
   B. 使用放大镜是为了增大视角
   C. 显微镜成像是物镜和目镜都把物体放大成实像
   D. 医用内镜能起导像作用

四、简答计算作图题

1. 凸透镜的焦距是 20cm,物体放在透镜前 15cm 处. 像距透镜多远? 像的放大率是多少? 用几何做图法做出成像光路图.

2. 显微镜的物镜的焦距是 1cm,目镜的焦距是 2cm,目镜和物镜相距 20cm,求显微镜的放大率.

3. 纤维镜是如何导光和传像的?

（王延康）

练　习　6

一、名词解释

1. 原子能级

2. 激光

3. X 射线的强度和硬度

4. 放射性衰变

5. 半衰期

6. 示踪原子作用

7. 核磁共振

二、填空题

1. 原子只能处于一系列不连续的_____中,这些状态叫_____;原子从一种能量状态_____到另一种能量状态时,_____一定频率的光子,光子的频率由这两种状态的_____决定,写成公式为_____.

2. 激光与一般光源相比较,具有_____、_____、_____和_____等特性. X 射线是波长很短的_____,可使硫化锌等产生_____光或使_____感光. 通过任何物质而被吸收时,都将产生_____电离作用.

3. 物质能自发地辐射出射线的现象,叫做天然_____. 放射性元素发出的射线是_____、_____和_____.

三、选择题

1. γ 射线的本质是____ （ ）
   A. 电子流　　　　　　　　　　B. 中子流
   C. 光子流　　　　　　　　　　D. 电磁波

2. 某元素原子核放出一个 β 粒子后,对于所产生的新核,下列说法正确的是 （ ）
   A. 质量数减少1,电荷数增加1
   B. 质量数减少1,电荷数减少1
   C. 质量数不变,电荷数增加1
   D. 质量数不变,电荷数减少1

3. ^{60}Co 的半衰期是 （ ）
   A. 2. 7 天　　　　　　　　　　B. 8. 04 天
   C. 14. 3 天　　　　　　　　　　D. 5. 27 年

4. 增大 X 射线硬度的方法通常是 （ ）
   A. 增大管电压　　　　　　　　B. 增加管电流
   C. 减小管电压　　　　　　　　D. 减小管电流

笔记栏

四、简答与计算题

1. $^{210}_{83}\text{Bi}$ 的半衰期是 5 天,问 10g 的 $^{210}_{83}\text{Bi}$ 经过 20 天后存下多少?

2. 镭(质量数 226,电荷数 88)是 α 放射性的,它放出一个 α 粒子后变成了什么元素?写出衰变方程.

3. 什么叫透视?什么叫摄影?什么叫造影?过量的 X 射线照射对人体有何损害作用,应如何防护?

（王延康）

第3部分 综合测试题

综合测试题 1

一、判断题(正确的打"√",错误的打"×",每题 2 分,共 20 分)

1. 加速度是表示速度快慢的物理量 （ ）
2. 合力一定大于分力 （ ）
3. 力是使物体产生运动的原因 （ ）
4. 超声波的频率范围是 20 ~ 20 000Hz （ ）
5. 超声波在气体、液体和固体中均有很强的穿透性 （ ）
6. 普通手术缝合线先经过蜡处理,是为了破坏毛细作用,杜绝细菌感染 （ ）
7. 空气中水蒸气越接近饱和,相对湿度越小 （ ）
8. 交流用电器上标明的额定电压或额定电流都是指其有效值 （ ）
9. 通常规定 12V 以下的电压为安全电压 （ ）
10. 近视眼是进入眼睛不同方位的光线,不能同时会聚在视网膜上 （ ）

二、选择题(每题 2 分,共 20 分)

1. 关于加速度,下面说法中正确的是 （ ）
   A. 加速度越大,物体运动得越快
   B. 加速度越大,物体速度越大
   C. 加速度的方向代表物体的运动方向
   D. 加速度是表示物体运动速度改变快慢的物理量

2. 下面现象中符合机械能守恒条件的为 （ ）
   A. 物体沿粗糙水平面匀速运动
   B. 小球从空中自由下落
   C. 降落伞匀速下降
   D. 沿粗糙斜面匀速滑下

3. 在空气中波长为 17m,传播速度为 340m/s 的声波的频率为 （ ）
   A. 0.05Hz B. 357Hz
   C. 20Hz D. 20s

4. 下列说法错误的是 （ ）
   A. 电场线起于正电荷,止于负电荷
   B. 电场强度是反映电场的力的性质的物理量
   C. 对电场中确定的两点来说,电势差的值因零电势的选择不同而发生改变
   D. 电场中各点电势是沿着电场线方向逐点降低的

5. 下列说法错误的是 （ ）
   A. 有电流通过人体就叫做触电
   B. 触电对人体的伤害程度决定于通过人体电流的大小、频率、途径和时间的长短

C. 人靠近高压带电体,高压带电体击穿空气放电而造成人体触电叫做击穿触电

D. 通常规定 36V 为安全工作电压

6. 下列说法正确的是　　　　　　　　　　　　　　　　　　　　　　　　(　)

　A. 紫外线是英国物理学家里特于 1801 年发现的

　B. 紫外线的波长比红外线短

　C. 一切物体都在辐射紫外线

　D. 紫外线的生物效应是热作用

7. 有一透镜的焦距是 2m,现将一物体放在透镜前 1m 处,则像距的大小是　(　)

　A. 1m　　　　　　　　　　　　　　　　B. 1.5m

　C. 2m　　　　　　　　　　　　　　　　D. 3m

8. 下列说法正确的是　　　　　　　　　　　　　　　　　　　　　　　　(　)

　A. 眼睛的光学系统可简化为能调节焦距的透镜和代表视网膜的一个屏幕

　B. 眼睛能改变晶状体焦距的本领,叫做眼的调节

　C. 青年人正常眼睛的近点约为 30cm

　D. 正常眼睛的明视距离在无限远处

9. 下列说法正确的是　　　　　　　　　　　　　　　　　　　　　　　　(　)

　A. 凸透镜就是放大镜

　B. 为了增大放大率而使用的凸透镜叫做放大镜

　C. 最简单的显微镜的光学结构是由一个凸透镜和一个凹透镜组成

　D. 医用内镜的作用是传光导像

10. 下列说法错误的是　　　　　　　　　　　　　　　　　　　　　　　(　)

　A. 原子核是由质子和中子组成

　B. 原子核的电荷数和质量数是表征原子核的两个重要特征

　C. 核电荷数 = 核内质子数 = 质量数

　D. 同一元素的质子数相同而中子数不同的一组核素,叫做该种元素的同位素

三、填空题(每空 2 分,共 38 分)

1. 在水平面上运动的质量为 2kg 的小车,要获得 $2m/s^2$ 的加速度,若阻力为 4N,则机车的牵引力应为_____N.

2. 一物体受到与水平方向成 60°角的 100N 的拉力的作用,在水平方向上通过的位移为 10m,所用的时间是 10s. 则拉力所做的功为_____J,功率是_____W.

3. 质量 1kg 的物体静止在 10m 高处,其重力势能是_____J,若让其自由下落,到达地面时的速度是_____m/s.

4. 从公共卫生学角度,通常把_____的声音都列在噪声的范畴. 防止噪声的方法有_____、_____和_____.

5. 静脉注射所用针筒内径为 2cm,而针尖内径仅是针筒内径的 1/4,护士手推速度是 $1 \times 10^{-3}m/s$,则葡萄糖注射液进入静脉时的速度是_____m/s.

6. 两个电量分别为 $2 \times 10^{-8}C$ 和 $-1 \times 10^{-6}C$ 的点电荷,在真空中相距 0.1m,则每个电荷受到的静电力为_____N,方向为_____.

7. 眼睛的光学系统可简化为_____. 正常眼的远点在_____,青年人正常眼睛的近点为_____;明视距离为_____.

8. 近视眼是指_____;某近视眼的最小视角为 10 分,其国际标准视力为_____.

9. 显微镜的物镜的焦距是 1cm,目镜的焦距是 2cm,目镜和物镜相距 20cm,显微镜的放大率是_____.

四、计算作图题(每题 5 分,共 15 分)

1. 质量为 20N 的护理车在水平面上用 30N 的水平力推动它,其产生的加速度为 $1m/s^2$,问其受到的水平方向的阻力是多大?

2. 有一内阻为 0.1Ω 的电源的电动势为 2V,将其与电阻为 10Ω 的用电器串连,则通过用电器的电流强度是多大? 用电器两端的电压是多大?

3. 凸透镜的焦距是 10cm,物体到透镜的距离是 15cm,则像距透镜多远? 像的放大率是多少? 用几何做图法做出成像光路图.

五、简答题(7 分)

人体触电危险程度与哪些因素有关? 人体触电形式有几种? 应如何防止触电事故的发生?

(李长驰)

综合测试题 2

一、判断题（正确的打"√"，错误的打"×"，每题 2 分，共 20 分）

1. 物体做直线运动时，位移的大小就等于路程 　　　　　　　　　　　（　　）
2. 自由落体运动是加速度不断增加的运动 　　　　　　　　　　　　　（　　）
3. 力的合成遵循平行四边形定则，力的分解不遵循平行四边形定则 　　（　　）
4. 乐音的三要素是音调、响度和音品 　　　　　　　　　　　　　　　（　　）
5. 发生共振的条件是振动的振幅最大 　　　　　　　　　　　　　　　（　　）
6. 人体血液从左心室射出，其压强在向前流动的过程中保持不变 　　　（　　）
7. 病人和工作人员从高压氧舱中出来，应有适当的缓冲时间，以免出现气体栓塞现象 （　　）
8. 我国日常生活中使用的交流电的周期和频率分别是 0.02s 和 50Hz 　（　　）
9. 触电是指有电流通过人体 　　　　　　　　　　　　　　　　　　　（　　）
10. 眼睛所成的像是正立、等大的实像 　　　　　　　　　　　　　　　（　　）

二、选择题（每题 2 分，共 20 分）

1. 某人用力推一下静止的小车，车开始运动，继续用力推，车加速前进，可见 　（　　）
   A. 力是产生位移的原因
   B. 力是维持物体运动的原因
   C. 力是改变物体运动状态的原因
   D. 力是维持物体运动速度的原因

2. 弹簧振子在 8cm 范围内振动，2s 内完成 10 次全振动，则其振幅、周期、频率分别为 　（　　）
   A. 8cm，5s，0.2Hz 　　　　　　　　　　B. 4cm，5s，0.2Hz
   C. 4cm，0.2s，5Hz 　　　　　　　　　　D. 8cm，0.2s，5Hz

3. 防止噪声的方法有 　　　　　　　　　　　　　　　　　　　　　　（　　）
   A. 控制和消除噪声源 　　　　　　　　B. 控制噪声的传播
   C. 个人防护 　　　　　　　　　　　　D. 以上答案都是

4. 当外电路的电阻为 14.0Ω，测得电流强度 I_1 为 0.20A，当外电路的电阻为 9.0Ω，测得电流强度 I_2 为 0.30A. 则电源的内电阻和电动势分别为 　（　　）
   A. 2Ω，3.2V 　　　　　　　　　　　　B. 2Ω，2.8V
   C. 1Ω，2.8V 　　　　　　　　　　　　D. 1Ω，3.0V

5. 下列关于紫外线的说法错误的是 　　　　　　　　　　　　　　　　（　　）
   A. 太阳、弧光灯等发出的光中都含有紫外线
   B. 医院里常用紫外线灯照射病房和手术室消毒
   C. 紫外线可以促进骨骼钙化，具有抗佝偻病的作用
   D. 紫外线的生物效应主要是光电效应

6. 下列说法错误的是 　　　　　　　　　　　　　　　　　　　　　　（　　）
   A. 焦度表示透镜会聚或发散光线的本领
   B. 凸透镜的焦点是实焦点，凹透镜的焦点是虚焦点
   C. 屈光度数值的 100 倍等于眼镜的度数
   D. 边缘比中央厚的透镜叫凸透镜，凸透镜具有会聚光线的作用

7. 下列说法错误的是 　　　　　　　　　　　　　　　　　　　　　　　（　　）

    A. 物体两端对于人眼光心所引出的两条直线的夹角 α，叫做视角

    B. 视角就叫做视力

    C. 眼睛能分辨的最小视角叫做眼的分辨本领

    D. 某同学眼睛能分辨的最小视角是 10 分，其国际标准视力是 0.1

8. 一物体放在焦距为 10cm 的凸透镜前 15cm 处，则生成的像的像距和像的放大率分别为

                                                      （　　）

    A. 30cm 和 2cm　　　　　　　　　　　　　　B. 30 和 2

    C. 30cm 和 2　　　　　　　　　　　　　　　D. 30 和 2cm

9. 发现 X 射线的科学家是 　　　　　　　　　　　　　　　　　　　　（　　）

    A. 英国物理学家牛顿　　　　　　　　　　　B. 英国物理学家法拉第

    C. 法国物理学家库仑　　　　　　　　　　　D. 德国物理学家伦琴

三、填空题（每空 2 分，共 38 分）

1. 在水平面上运动的质量为 2kg 的小车，要获得 2m/s² 的加速度，若阻力为 4N，则机车的牵引力应为＿＿＿＿＿＿＿N.

2. 一物体受到与水平方向成 60°角的 100N 的拉力的作用，在水平方向上通过的位移为 10m，所用的时间是 10s. 则拉力所做的功为＿＿＿＿＿＿＿J，功率是＿＿＿＿＿＿＿W.

3. 质量 1kg 的物体静止在 10m 高处，其重力势能是＿＿＿＿＿＿＿J，若让其自由下落，到达地面时的速度是＿＿＿＿＿＿＿m/s.

4. 有一内阻为 0.1Ω 的电源的电动势为 2V，将其与电阻为 5Ω 的两个灯泡串连，则通过每个灯泡的电流强度是＿＿＿＿＿＿＿A，每只灯泡两端的电压是＿＿＿＿＿＿＿V.

5. 产生光的全反射的条件是＿＿＿＿＿＿＿＿＿＿＿＿＿＿＿＿＿＿＿＿＿＿＿＿＿＿＿＿＿.

6. 眼睛的光学系统可简化为＿＿＿＿＿＿＿. 正常眼的远点在＿＿＿＿＿＿＿，青年人正常眼睛的近点为＿＿＿＿＿＿＿；眼睛的明视距离为＿＿＿＿＿＿＿.

7. 近视眼是指＿＿＿＿＿＿＿；某近视眼的最小视角为 10 分，其国际标准视力为＿＿＿＿＿＿＿.

8. 由于＿＿＿＿＿＿＿辐射而得到加强（放大）的光叫做激光. 激光与一般光源发出的光相比较，具有＿＿＿＿＿＿＿、＿＿＿＿＿＿＿、＿＿＿＿＿＿＿、＿＿＿＿＿＿＿等特性.

四、计算题（每题 5 分，共 15 分）

1. 竖直向上抛一物体，抛出时的速度为 5m/s，不考虑空气阻力，能上升多高？（g 取 10m/s².）

2. 自来水管两处截面直径 $D_1 : D_2 = 1 : 2$，细处水流速是 0.4m/s，粗处的水流速度是多少？

3. 一显微镜的镜筒长 16cm,目镜焦距 2cm,显微镜的放大率是 400 倍,物镜的焦距是多少?

五、简答题(7 分)

简述乐音与噪声对人体健康的影响,以及控制噪声的方法.

（李长驰）